Quantitative Sozialforschung

Reihe herausgegeben von

Alice Barth, Institut für Politische Wissenschaft und Soziologie, Universität Bonn, Bonn, Deutschland

Nina Baur, Institut für Soziologie, Technische Universität Berlin, Berlin, Deutschland

Jörg Blasius, Institut für Politische Wissenschaft und Soziologie, Universität Bonn, Bonn, Deutschland

Rainer Diaz Bone, Soziologisches Seminar, Universität Luzern, Luzern, Schweiz

Maria Norkus, Institut für Soziologie, Technische Universität Berlin, Berlin, Deutschland

Guy Schwegler, Soziologisches Seminar, Universität Luzern, Luzern, Schweiz

Die Springer-Reihe „Quantitative Sozialforschung" hat zum Ziel, Methoden und Verfahren der quantitativen Sozialforschung leicht zugänglich, kompakt und anwendungsorientiert zu vermitteln. Jeder Band ist in sich abgeschlossen und bietet auf rund 100 Seiten einen Überblick über methodische Grundlagen, Voraussetzungen und Anwendungen eines bestimmten Verfahrens der quantitativen Sozialforschung. Zielpublikum sind Studierende und Forschende, die sich einen grundlegenden Überblick über ein Verfahren verschaffen wollen. Detailliert aufbereitete Beispiele sowie online bereitgestellte Daten und Syntaxdateien versetzen die Leserinnen und Leser in die Lage, konkrete Arbeitsschritte nachzuvollziehen und die Verfahren in der Folge selbst anzuwenden.

Thematisch nimmt die Reihe aktuelle Entwicklungen in den quantitativ orientierten Sozialwissenschaften auf, diskutiert jedoch auch methodologische Voraussetzungen und grundlagentheoretische Aspekte. Das thematische Spektrum erstreckt sich von statistischen Grundlagen wie Kreuztabellen, Korrelation und Regressionsverfahren über fortgeschrittene multivariate Verfahren wie Korrespondenzanalyse, Mehrebenenanalyse und Analyse latenter Klassen als auch Umgang mit speziellen Datentypen wie Aggregat-, Geo- und Ereignisdaten. Weiterhin sollen Methoden der Datenerhebung, von der standardisierten Befragung bis zur Sammlung digitaler Daten, behandelt werden. Ergänzend dazu beinhaltet die Reihe auch Querschnittsthemen wie Datenaufbereitung und -visualisierung, Gewichtung und Imputation sowie Einführungen in entsprechende Software.

Die Autorinnen und Autoren haben nicht nur große Expertise auf dem jeweiligen Gebiet, sondern vor allem auch den Anspruch, die Inhalte so aufzubereiten, dass sie für alle Interessierten verständlich sind. Die verwendeten Beispiele kommen aus den Sozialwissenschaften und sind für Studierende wie Forschende inhaltlich gut nachvollziehbar. Die Reihe zeichnet sich besonders durch ihren starken Anwendungsbezug und die Verwendung frei zugänglicher Daten und Open-Source-Software wie R oder Python aus. Die verwendeten Beispieldaten, Syntaxdateien und andere elektronische Materialien werden auf GitHub bereitgestellt.

Sven Hilbert · Elisabeth Kraus ·
Alfred Lindl

Machine Learning

Eine Einführung für Psychologie,
Geistes- und Sozialwissenschaften

Sven Hilbert
Educational Data Science
Universität Regensburg
Regensburg, Deutschland

Elisabeth Kraus
Methoden der empirischen
Bildungsforschung
Universität Tübingen
Tübingen, Deutschland

Alfred Lindl
Educational Data Science
Universität Regensburg
Regensburg, Deutschland

ISSN 2662-9143   ISSN 2662-9151 (electronic)
Quantitative Sozialforschung
ISBN 978-3-658-43648-3   ISBN 978-3-658-43649-0 (eBook)
https://doi.org/10.1007/978-3-658-43649-0

Die Deutsche Nationalbibliothek verzeichnet diese Publikation in der Deutschen Nationalbibliografie; detaillierte bibliografische Daten sind im Internet über https://portal.dnb.de abrufbar.

© Der/die Herausgeber bzw. der/die Autor(en), exklusiv lizenziert an Springer Fachmedien Wiesbaden GmbH, ein Teil von Springer Nature 2025

Das Werk einschließlich aller seiner Teile ist urheberrechtlich geschützt. Jede Verwertung, die nicht ausdrücklich vom Urheberrechtsgesetz zugelassen ist, bedarf der vorherigen Zustimmung des Verlags. Das gilt insbesondere für Vervielfältigungen, Bearbeitungen, Übersetzungen, Mikroverfilmungen und die Einspeicherung und Verarbeitung in elektronischen Systemen.
Die Wiedergabe von allgemein beschreibenden Bezeichnungen, Marken, Unternehmensnamen etc. in diesem Werk bedeutet nicht, dass diese frei durch jede Person benutzt werden dürfen. Die Berechtigung zur Benutzung unterliegt, auch ohne gesonderten Hinweis hierzu, den Regeln des Markenrechts. Die Rechte des/der jeweiligen Zeicheninhaber*in sind zu beachten.
Der Verlag, die Autor*innen und die Herausgeber*innen gehen davon aus, dass die Angaben und Informationen in diesem Werk zum Zeitpunkt der Veröffentlichung vollständig und korrekt sind. Weder der Verlag noch die Autor*innen oder die Herausgeber*innen übernehmen, ausdrücklich oder implizit, Gewähr für den Inhalt des Werkes, etwaige Fehler oder Äußerungen. Der Verlag bleibt im Hinblick auf geografische Zuordnungen und Gebietsbezeichnungen in veröffentlichten Karten und Institutionsadressen neutral.

Planung/Lektorat: Katrin Emmerich
Springer VS ist ein Imprint der eingetragenen Gesellschaft Springer Fachmedien Wiesbaden GmbH und ist ein Teil von Springer Nature.
Die Anschrift der Gesellschaft ist: Abraham-Lincoln-Str. 46, 65189 Wiesbaden, Germany

Wenn Sie dieses Produkt entsorgen, geben Sie das Papier bitte zum Recycling.

Für und dank Markus Bühner.

Vorwort

The way you deal with automation is by upgrading people's skills so they can get the jobs of the future.

John K. Delaney (* 1963)

Kontinuierliche Fortschritte in Digitalisierung und künstlicher Intelligenz verändern das individuelle und gesellschaftliche Leben wie nur wenige andere Entwicklungen dieser Jahrzehnte. Daten werden mit zunehmend größerer Geschwindigkeit, in stetig wachsendem Umfang und ebenfalls ansteigender Komplexität gesammelt, verarbeitet und analysiert. Methoden des maschinellen Lernens spielen bei dieser Entwicklung eine entscheidende Rolle. Daraus ergeben sich auch für Fragestellungen aus der Psychologie und den Geistes-, Sozial- und Bildungswissenschaften neuartige Untersuchungsansätze. Zudem bieten sich bislang ungeahnte Erkenntnispotenziale in traditionellen wie zukunftsweisenden Anwendungsfeldern. Diese interessierten Leserinnen und Lesern zu erschließen, ihnen einen fundierten Einblick in das vielseitige Feld des maschinellen Lernens zu geben und sie dazu zu befähigen, derartige Verfahren in eigenen Forschungsprojekten zu nutzen, sind Motivation und Zielsetzung dieses Buchs.

Hierzu werden zunächst wesentliche Grundideen und -begriffe des Machine Learnings erklärt und anhand ausgewählter illustrativer Studien dessen unterschiedliche Anwendungsmöglichkeiten dargelegt. Es folgt eine sukzessive Einführung in die auf Methoden maschinellen Lernens gestützte Datenauswertung. Sie beginnt bei verschiedenen grundlegenden Aspekten der Datenaufbereitung und Grundprinzipien der Parameteroptimierung. Anschließend werden verschiedene Analysemodelle eingeführt, deren Darstellung jeweils identisch aufgebaut ist, um auf einen Blick direkte Vergleiche zwischen differierenden Ansätzen und Nutzungsoptionen zu erlauben. Die beiden abschließenden Kapitel dieses Buchs bergen unterschiedliche Zugänge, wertvolle Hinweise und hilfreiche Informationen zur Modellinterpretation und zur Fairness maschineller Auswertungsverfahren, die bei der Beurteilung von Analysen Berücksichtigung finden sollten.

Dieses Buch richtet sich vor allem an Studierende, Lehrende und Forschende in der Psychologie, den Geistes-, den Sozial- und den Bildungswissenschaften, die in ihren Arbeitsfeldern vermehrt mit großen, dynamischen und komplexen Datensätzen konfrontiert sind. Vorwissen im Bereich des maschinellen Lernens ist nicht erforderlich, grundlegende Kenntnisse in klassischen inferenzstatistischen Verfahren (z. B. lineare Regression) und Aufgeschlossenheit gegenüber modernen Ansätzen quantitativer, computerbasierter Datenverarbeitung sollten jedoch vorhanden sein.

Dieses Buch beschäftigt sich mit nur einem Bereich des Machine Learnings: dem supervidierten Lernen. Nicht-supervidiertes Lernen und Reinforcement Learning, zwei weitere wichtige Arten des Machine Learnings, wurden ausgespart, um genug Raum für eine in Umfang und Tiefe adäquate Auseinandersetzung mit supervidiertem Machine Learning zu haben. Für supervidiertes Lernen haben wir uns entschieden, da es den klassischen inferenzstatistischen Verfahren in vielen Aspekten am ähnlichsten ist und dadurch unserer Zielgruppe bestenfalls zahlreiche Ansatzpunkte bietet, um sich mit vorhandenen statistischen Kenntnissen die vorgestellten Ideen und Methoden zu erschließen.

Der Aufbau des Buchs spiegelt unsere Überzeugung wider, dass tiefes Verständnis und umfassende Erkenntnis auf unterschiedlichen Zugängen gründen. Die vorgestellten Modelle werden daher auf drei Arten eingeführt: Zunächst werden sie theoretisch beschrieben und erklärt, sodass Idee und Logik hinter dem resultierenden Lernalgorithmus verdeutlicht werden. Um die mathematischen Hintergründe nachvollziehbar zu machen, wird ein rechnerisches Schritt für Schritt-Beispiel für jedes Modell vorgestellt. Da für bestimmte Modelle Vorkenntnisse in den Grundlagen der Matrixalgebra notwendig sind, finden sich manche der Schritt für Schritt-Beispiele – sowie ergänzende Tabellen und vertiefende Erklärungen zu verschiedenen Themen – im elektronischen Appendix bzw. elektronischen Zusatzmaterial auf der Produktseite des Buches auf SpringerLink https://link.springer.com/book/9783658436483. Zusätzlich werden Anwendungsbeispiele zum statistischen Programmieren angeboten, welche auf einem Repositorium online zur Verfügung stehen.

Die Inhalte der Kapitel vier bis sieben werden durch kommentierte Beispielcodes in der statistischen Software R (R Core Team, 2024) ergänzt. Diese werden jeweils einmal mit den Packages *tidymodels* (Kuhn & Silge, 2022) und *mlr3* (Lang et al., 2019) durchgeführt, um Interessierten beide Frameworks vorzustellen. Die Analyseskripts und Datensätze sind auf Github in dem Repositorium https://github.com/sn-code-inside/Machine-Learning-PGS zu finden und sollen neben den theoretischen Grundlagen und einem Verständnis relevanter Anwendungsfälle auch „Hands On"-Erfahrungen mit dem Prozess des Machine Learnings und der Anwendung statistischer Software ermöglichen.

Viele Begriffe im Bereich des Machine Learning sind feststehend in englischer Sprache und werden (fast) nicht in deutscher Übersetzung genutzt. Diese Begriffe werden auch in diesem Buch nur auf Englisch verwendet. Begriffe, deren deutsche Übersetzung ebenfalls in der Fachliteratur Anwendung findet, sind vollständigkeitshalber auch auf Deutsch angegeben. Aus Gründen der Lesbarkeit werden deutsche und englische Begriffe synonym verwendet, um Rezipientinnen und Rezipienten im Umgang mit allen relevanten Begriffen, englisch wie deutsch, vertraut zu machen.

Wir hoffen, mit diesem Buch allen Interessierten eine informative, zugängliche und kurzweilige Einführung in die Welt maschineller Analyseverfahren zu bieten. Unser Wunsch war und ist, interessierten Studierenden einen nützlichen Begleiter auf dem Weg zum Studienerfolg zu bieten und Forschenden zukunftsweisende, innovative Perspektiven für aktuelle und kommende wissenschaftliche Arbeiten zu eröffnen.

Regensburg, Deutschland	Sven Hilbert
München, Deutschland	Elisabeth Kraus
Regensburg, Deutschland	Alfred Lindl
Oktober, 2024	

Acknowledgements

Wir bedanken uns bei allen Kolleginnen und Kollegen, die durch ihre wertvollen Anregungen und Rückmeldungen zur Entstehung dieses Buches beigetragen haben. Unser besonderer Dank gilt denjenigen, die sich bei der Erstellung der zahlreichen Abbildungen und Praxisbeispiele eingebracht haben, sowie den Reihenherausgebern und dem Springer-Verlag für die hervorragende Zusammenarbeit und Unterstützung.

Im Zuge der Erstellung dieses Buches waren wir auf die Hilfe einer großen Zahl an Personen angewiesen. Obwohl eine Auflistung weder den hier erwähnten noch den hier nicht erwähnten aber nicht minder relevanten Personen gerecht wird, möchten wir diesen Platz nutzen, um uns besonders bei Stefan Coors, Jorah Demler, Franziska Kriesl, Sophie Lessel, Stefan Wagner und Karoline Wolandt für ihre Unterstützung bei unterschiedlichsten Aufgaben, ihre vielfältigen Recherchearbeiten und ihre unheimliche Fähigkeit herzlichst zu bedanken, aus allenfalls grob verständlichen Skizzen didaktisch hilfreiche Abbildungen zu zaubern.

Inhaltsverzeichnis

1	**Einführung**	1
1.1	Was ist Machine Learning?	3
	1.1.1 Supervidiertes Lernen vs. nicht-supervidiertes und Reinforcement Lernen	4
	1.1.2 Klassifikation vs. Regression	7
	1.1.3 Vergleich ML und Inferenzstatistik	8
1.2	Anwendungsfelder von Machine Learning	11
	1.2.1 Machine Learning bei konventionell generierten Daten	12
	1.2.2 Machine Learning bei automatisiert generierten Daten	13
	1.2.3 Machine Learning bei Interventionsdesigns	17
2	**Grundidee des Machine Learnings**	21
2.1	Drei Komponenten	21
2.2	Empirischer Loss	24
2.3	Bias und Variance	25
2.4	Resampling	31
	2.4.1 Stratifiziertes Resampling	33
	2.4.2 Nested Resampling	35
3	**Preprocessing**	37
3.1	Typische Preprocessing Schritte	38
3.2	Feature Engineering	38
	3.2.1 Umgang mit fehlenden Werten	39
	3.2.2 Factor Encoding	41
	3.2.3 Feature Selection	42
	3.2.4 Filtering	43
	3.2.5 Feature Extraction	44
3.3	Analysepipelines	45

4	**Optimierung**		47
4.1	Hyperparametertuning		50
4.2	Search Spaces		51
5	**Modelle**		53
5.1	Regularisierte Regressionen: Lasso und Ridge		53
	5.1.1	Grundidee des Modells	53
	5.1.2	Modellschätzung	54
	5.1.3	Optimierung	58
	5.1.4	Tuning	59
	5.1.5	Parameterinterpretation	60
5.2	Random Forests		60
	5.2.1	Grundidee des Modells	60
	5.2.2	Modellschätzung	63
	5.2.3	Optimierung	67
	5.2.4	Tuning	69
	5.2.5	Parameterinterpretation	70
	5.2.6	Schritt für Schritt-Beispiel	70
5.3	Boosting		76
	5.3.1	Grundidee des Modells	76
	5.3.2	Modellschätzung	79
	5.3.3	Optimierung	81
	5.3.4	Tuning	82
	5.3.5	Parameterinterpretation	83
	5.3.6	Schritt für Schritt-Beispiel	83
5.4	Support Vector Machines		90
	5.4.1	Grundidee des Modells	90
	5.4.2	Modellschätzung	94
	5.4.3	Optimierung	96
	5.4.4	Tuning	98
	5.4.5	Parameterinterpretation	100
5.5	Neuronale Netzwerkmodelle		100
	5.5.1	Grundidee des Modells	100
	5.5.2	Modellschätzung	103
	5.5.3	Optimierung	104
	5.5.4	Tuning	108
	5.5.5	Parameterinterpretation	109
	5.5.6	Schritt für Schritt-Beispiel	110

6	**Interpretierbares Machine Learning**	115
6.1	Kennwerte für Variable Importance: Partial dependence Plots (PDs)	119
6.2	Kennwerte für Variable Importance: Individual conditional expectation plots (ICEs)	121
6.3	Kennwerte für Variable Importance: Counterfactuals	122
7	**Faires Machine Learning**	125
7.1	Fallstricke des Fair Machine Learnings	126
	7.1.1 Historischer Bias	127
	7.1.2 Repräsentationsbias	129
	7.1.3 Messbias	130
	7.1.4 Lernbias	130
	7.1.5 Aggregationsbias	131
	7.1.6 Evaluationsbias	132
	7.1.7 Deployment Bias	133
7.2	Machine Learning für mehr Fairness	134
Glossar		137
Literaturverzeichnis		145

Einführung 1

Lernprozesse standen schon lange vor der Erfindung des Computers im Fokus des wissenschaftlichen Interesses und sind ein Forschungsfeld verschiedenster Disziplinen wie den Neurowissenschaften, der Psychologie, vor allem aber der Pädagogik und den Bildungswissenschaften. Lernen ist einer der Grundbegriffe der Pädagogik, welcher durch seinen vielfältigen Alltagsgebrauch nicht einheitlich definiert ist (siehe Treml, 2002). Trotzdem versuchen sich Forschende wie Hasselhorn und Gold (2022) an einer wissenschaftlichen Konkretisierung, indem sie Lernen als Prozess beschreiben, bei dem es zu überdauernden Änderungen im Verhaltenspotenzial als Folge von Erfahrungen kommt. Die Sicht auf Lernen als Prozess hat auch die Entwicklung von Machine Learning-Algorithmen stark beeinflusst. Die Grundlagen des maschinellen Lernens oder Machine Learnings (kurz: ML) wurden bereits in den 40er- und 50er-Jahren mit den ersten Modellen für computationale neuronale Netzwerke gelegt (McCulloch & Pitts, 1943; Rosenblatt, 1958). Voraussetzungen für die umfangreiche Nutzung dieser Modelle wurden allerdings erst deutlich später geschaffen: Während beispielsweise Weiterentwicklungen neuronaler Netzwerkmodelle in den 80er-Jahren als *Universalapproximatoren* wieder aufkamen, setzten sie sich aufgrund fehlender Effizienz bis in die Nullerjahre nicht durch, in denen sie dann aber aufgrund massiv gestiegener Rechenkapazitäten und neuer Methoden zur Parameteroptimierung eine Renaissance erlebten und auch die Entwicklung von Künstlicher Intelligenz (KI) stark beeinflussten.

Elektronisches Zusatzmaterial Die elektronische Version dieses Kapitels enthält Zusatzmaterial, das berechtigten Benutzerinnen und Benutzern zur Verfügung steht. https://doi.org/10.1007/978-3-658-43649-0_1.

© Der/die Autor(en), exklusiv lizenziert an Springer Fachmedien Wiesbaden GmbH, ein Teil von Springer Nature 2025
S. Hilbert et al., *Machine Learning*, Quantitative Sozialforschung, https://doi.org/10.1007/978-3-658-43649-0_1

Mittlerweile ist ML aus dem alltäglichen Leben nicht mehr wegzudenken: personalisierte Werbung, Suchvorschläge auf Webseiten, Kreditvergabeprozesse, Filmempfehlungen oder auch manche medizinische Screenings sowie Handschrift- und Gesichtserkennung basieren auf ML-Modellen. Auch komplexe KI-nahe Anwendungen wie Textgeneratoren (z. B. ChatGPT, Gemini oder Perplexity) oder moderne Schachcomputer (z. B. AlphaZero) zählen hierzu. Die Anwendung dieser Algorithmen ist also bereits facettenreich und bei Weitem nicht neu. Allerdings sind das wissenschaftliche Verständnis und die Nutzung in Studien der Sozialwissenschaften, der Psychologie, der Pädagogik oder den Bildungswissenschaften noch überschaubar (siehe Hilbert et al., 2021). Wie klassische inferenzstatistische Ansätze kann ML ein wertvolles Werkzeug zur Analyse von Datensätzen in einem breiten Spektrum von Anwendungsfällen und Forschungsbereichen und Grundlage wissenschaftlicher Erkenntnis sein. Zudem bietet ML mit seinem Fokus auf Vorhersage und seinem flexiblen Modellierungsansatz große Chancen, die (quantitative) empirische Forschung voranzubringen und bestehende Probleme wie die fehlende Replizierbarkeit vieler Befunde (Open Science Collaboration, 2015) abzuschwächen. Ein weiterer Vorteil von ML ist, dass es dazu geeignet ist, äußerst umfangreiche und komplexe Datensätze zu analysieren, die klassische statistische Verfahren durch ihre schiere Variablenmenge und oft hochdimensionalen nicht-linearen Zusammenhänge vor Schätzprobleme stellen. Solche Schwierigkeiten treten typischerweise im Rahmen des Allgemeinen oder des Verallgemeinerten Linearen Modells auf.

Trotz weiterhin überschaubarer tatsächlicher Nutzung in den Sozialwissenschaften ist die Zahl wissenschaftlicher Analysen mit ML-Algorithmen in den letzten Jahren stetig gewachsen und durch die fortschreitende Digitalisierung wird dieser Anstieg in den nächsten Jahren noch deutlich an Dynamik gewinnen. Denn mit ihr wächst die Menge an Daten, welche auch für wissenschaftliche Analysen verfügbar gemacht werden kann. Abgesehen vom größeren Datenumfang generieren digitale Fußspuren, Sensordaten oder Onlinetests und -fragebögen neuartige Typen von Datensätzen, welche für ML-Verfahren prädestiniert sind. Insgesamt nimmt die Datenlage in sozialwissenschaftlichen Bereichen eine Form an, wie sie aus den vergangenen Dekaden in der Informatik und verwandten Bereichen bekannt ist. Eine wachsende Anzahl an Datensätzen zeichnet sich durch drei Aspekte aus: Größe, Vielfalt und (Wachstums-)Geschwindigkeit; im Englischen sind dies *Volume*, *Variety* und *Velocity* – die „drei Vs", welche nach vielen gängigen Definitionen sogenannte *Big Data* kennzeichnen. Vor diesem Hintergrund gewinnen das grundlegende Verständnis von ML und die Fähigkeit zur Anwendung auch im Bereich der Sozialwissenschaften einen hohen Stellenwert. Die Aufnahme von ML-Verfahren in den Methodenkanon bietet neue Werkzeuge, Perspektiven und Philosophien, um die empirischen Wissenschaften in die Zukunft zu begleiten.

1.1 Was ist Machine Learning?

ML ist eine computergestützte Methode, mit der nach bestimmten Algorithmen ein selbstständiges „erfahrungsbasiertes" Lernen initiiert wird. Die Computer werden so programmiert, dass sie auf Grundlage umfangreichen Datenmaterials Muster entdecken, aus denen sie ein *Modell* formen. Mithilfe eines solchen Modells lassen sich neue Daten vorhersagen, weshalb (supervidiertes) ML auch *Predicitve Modeling* genannt wird. Der Aspekt des „Lernens" besteht also in der automatischen Ableitung und dynamischen Erzeugung von Regeln auf der Basis von Daten, welche die „Erfahrung" des Computers darstellen. Indem Computern Lernalgorithmen vorgegeben werden, an denen sich deren Lernprozess orientiert, besitzt ML als Forschungs- und Anwendungsgebiet also trotz seines Namens einen starken menschlichen Einfluss.

Um die Strukturen von ML zu verstehen, ist es notwendig, sich mit drei Grundbegriffen vertraut zu machen: „Learner", „Modell" und „Algorithmus".[1] Ein *Learner* ist eine Rechenvorschrift, nach der durch Training Strukturen in Daten gefunden werden sollen. Während des Trainings mit den Daten werden *Parameter* des Learners schrittweise so angepasst, dass der Learner die Datenstrukturen sukzessive besser reproduziert, sie also „lernt". Nach Abschluss des Trainings wird die passendste Parameterkonstellation fixiert. Ein trainierter Learner mit feststehenden Parameterausprägungen ist ein *Modell*. Das Modell ist also das Trainingsergebnis des Learners. Mit dem Modell können nun neue Daten vorhergesagt werden. Der *Algorithmus* wiederum ist diese festgelegte Abfolge von Rechenschritten, welche aus dem Learner das Modell macht. Damit beinhaltet der Algorithmus den Learner. Der Learner selbst ist dabei flexibel wählbar und bestimmt welche konkreten Rechenschritte möglich sind. Im Laufe dieses Buchs werden unterschiedliche Learner sowie die Algorithmen beschrieben, welche sie zu Modellen formen.

Die vorgegebenen Learner können prinzipiell sehr unterschiedliche Formen annehmen. Es können sehr unflexible Lernansätze wie das aus der klassischen Inferenzstatistik bekannte *Lineare (Regressions-)Modell* oder deutlich flexiblere baumbasierte Verfahren wie ein *Random Forest* genutzt werden. Ein Random Forest ist ein *Ensemble Learner*, bei dem eine Vielzahl einzelner Bäume (bzw. ein Wald), welche die Stichprobe jeweils nach festgelegten Regeln Schritt für Schritt unterteilen, zu einer Gesamtvorhersage kombiniert werden. Abb. 1.1 illustriert einen dieser mathematischen Bäume und dessen Unterteilungsprinzip. Obwohl

---

[1] Die Definitionen dieser Begriffe sind in der Literatur uneinheitlich. Die hier angeführten Erklärungen versuchen eine definitorische Näherung anhand gängiger Beschreibungen.

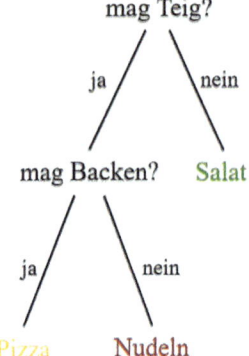

Abb. 1.1 Ein mathematischer Entscheidungsbaum zur Unterteilung einer Stichprobe von Personen, die ein Mittagessen bestellen wollen. Die Unterteilung hat die Erstellung von immer reineren Substichproben hinsichtlich der Mittagessenspräferenz zum Ziel. In dieser Abbildung ist dieses Merkmal in die Kategorien Salat, Pizza und Pasta unterteilt. Vorgenommen wird die Unterteilung anhand der Präferenz für Teig und Backen. Der genaue Prozess der Generierung eines Entscheidungsbaums variiert und wird im Abschn. 5.2 ausführlich beschrieben. *Abb. selbst erstellt*

es eine Vielzahl sehr unterschiedlicher Ansätze gibt, ist die Grundstruktur des maschinellen Lernprozesses unabhängig vom genutzten Learner (dies wird in Kap. 2 noch ausführlich beschrieben).

1.1.1 Supervidiertes Lernen vs. nicht-supervidiertes und Reinforcement Lernen

Innerhalb des ML wird grundlegend zwischen den Ansätzen des *supervidierten*, *nicht-supervidierten* und *Reinforcement Lernens* unterschieden. Bei supervidiertem Lernen wird dem Algorithmus eine *Target Variable* (oder schlicht *Target*; deutsch: *Zielvariable*) gegeben, deren Werte, die *Labels*, durch Kombinationen anderer Variablen, den *Features*, vorhergesagt werden. Nicht-supervidiertes Lernen bezieht keine Zielvariable ein, die vorhergesagt wird. Stattdessen arbeitet der Algorithmus nach vorgegebenen Strukturregeln und organisiert die Daten nach diesen. Beim Reinforcement Learning wird dem Algorithmus ein Belohnungssystem vorgegeben, innerhalb dessen er die Belohnung schrittweise zu maximieren versucht. Diese Art des Lernens wird beispielsweise beim Erlernen von Spielen wie Schach, Go

1.1 Was ist Machine Learning?

oder Poker eingesetzt. Das vorliegende Buch ist ausschließlich der ersten Kategorie gewidmet, dem supervidierten Lernen. Für eine gute Einführung in weitere Arten von Lernen sei James et al. (2013) empfohlen.

Supervidiertes Lernen ist also auf ein klar definiertes Ziel gerichtet: Der Computer soll auf Basis einer Datenstichprobe, auch *Sample* oder *Set* genannt, eine Funktion lernen, anhand der aus den Werten der *Features* die Labels der Zielvariable möglichst genau bestimmt werden. Im inferenzstatistischen Kontext sind die Features die Kovariablen beziehungsweise unabhängige Variablen X, die zur Vorhersage des Kriteriums beziehungsweise der abhängigen Variable Y dienen. Um die Funktion für die Vorhersage zu erlernen, müssen die Labels der Zielvariable bekannt und die Features möglichst geeignet sein, um die Labels anhand der gelernten Funktion vorherzusagen. Bei einem ausreichend großen Datensatz und hoher Rechenkapazität kann hierbei eine große Anzahl Features ausprobiert werden. Allgemein, aber insbesondere bei kleineren Datensätzen wie einer Fragebogenstudie mit $n < 100$ Teilnehmenden, ist eine theoriegeleitete Auswahl der Features sinnvoll. So könnten zum Beispiel zwar viele Informationen eines Personalausweises zur Vorhersage der Schuhgröße einer Person genutzt werden, jedoch empfiehlt sich – abgesehen von sachlogischen Überlegungen – allein schon aus Gründen der Reduktion des Rauschens, also der nicht informativen Varianz im Datensatz (der sog. *Noise*), Features wie die Ausweisnummer oder die Augenfarbe nicht zu berücksichtigen. Auf verschiedene Methoden zur Auswahl der Features wird im Kap. 3 eingegangen.

Übergeordnetes Ziel des (supervidierten) ML ist die Etablierung einer funktionalen Beziehung zwischen Zielvariable Y und p Features $X = X_1, X_2, \ldots, X_p$, also der Funktion f mit $Y \approx f(X)$. Der Grundgedanke ist, dass eine wahre Funktion f_T existiert, durch welche ein Sample an Daten $D(Y; X)$ generiert wurde. Diese Funktion wird gewöhnlich *Daten generierender Prozess* genannt. Die wahren Labels der Zielvariable Y werden als *Ground Truth* bezeichnet. Zusätzlich wird angenommen, dass die Stichprobendaten einen inhärenten Fehler aufweisen; die zu erlernende Funktion soll also nicht die exakten Stichprobendaten reproduzieren, um *Overfitting* (eine zu große Anpassung des Learners an die Daten) zu vermeiden. Hierzu wird auch formal ein Fehlerterm ϵ berücksichtigt: $Y = f(X) + \epsilon$.

Die Menge an prinzipiell nutzbaren Funktionen ist unendlich. Auch eine konstante Funktion wie $Y = 42$ wäre einsetzbar, würde aber in den meisten Fällen keine brauchbare Vorhersage liefern. Um herauszufinden, welche dieser Funktionen für die jeweilige Datengrundlage am geeignetsten ist, gibt es zwei unterschiedliche Ansatzpunkte: den Learner und die Aspekte des Learners, welche nach dem Lernprozess das konkrete Modell definieren. Ein Learner kann beispielsweise ein Random Forest sein (siehe Abschn. 5.2). Dieser kombiniert eine große Menge an mathematischen Bäumen, welche die Stichprobe anhand von Feature-Ausprägungen in Substichproben unterteilen, sodass diese hinsichtlich der Target-Ausprägung möglichst homogen sind. Die genauen Feature-Ausprägungen, anhand derer die Stichprobe unterteilt wird, sind Aspekte des Learners, welche *Parameter* genannt werden. Diese werden im Prozess des Trainings vom Algorithmus „gelernt". Der trainierte Learner ist dann, wie eingangs beschrieben, das Modell, welches zur Vorhersage neuer Daten verwendet wird. Der Trainingsprozess, der den Learner zum Modell formt, ist ein wichtiger Schritt des ML und wird in Abschn. 2.4 behandelt.

Durch das Training wird also aus dem Learner, der zwar eine feste Anzahl allerdings noch untrainerter und daher nicht festgelegter Parameter hat, das fertige Modell mit den festgelegten Parametern. Da nun Modell und Ground Truth bekannt sind, kann im Anschluss die Diskrepanz zwischen der Ground Truth Y und der Modellvorhersage $f(X) = \hat{Y}$ bestimmt werden. Ist diese Diskrepanz gering, so ist die Peformanz des Modells hoch. Wie die Diskrepanz (und damit auch die Performanz) quantifiziert wird, legt die Wahl einer passenden *Loss-Funktion*, zum Beispiel der quadrierten Differenz $L = (\hat{Y} - Y)^2$, fest (siehe Abschn. 2.2). Der so entstehende ML-Workflow ist in Abb. 1.2 dargestellt.

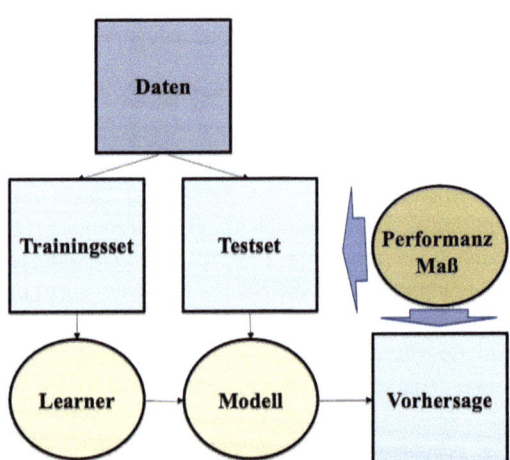

Abb. 1.2 Machine Learning Workflow: Die Gesamtstichprobe wird in Trainings- und Testset unterteilt. Durch das Training wird ein Learner auf die Daten gefittet. Das resultierende Modell wird zur Vorhersage des Targets in den Testdaten genutzt. Die Performanz wird über ein Maß zur Schätzung des Generalisierungsfehlers evaluiert. Die wiederholte Durchführung dieses Prozesses mit unterschiedlichen Testdatensätzen wird als „Resampling" bezeichnet. *Abb. selbst erstellt in Anlehnung an Hilbert et al. (2021)*

1.1.2 Klassifikation vs. Regression

In Abhängigkeit von der Kodierung der Target Variable, welche entweder kategorial oder numerisch sein kann, ist bei der Anwendung von ML zwischen Klassifikations- und Regressionsalgorithmen zu unterscheiden.

- **Kategoriale Variablen**: Dieser Variablentyp hat mindestens zwei Kategorien, welche in keiner Ordnungsrelation zueinander stehen. Dies bedeutet, dass der einzige Vergleich, den wir zwischen Kategorien anstellen können, „gleich" versus „ungleich" ist. Das Skalenniveau ist bei kategorialen Variablen also nominal. Ein Beispiel hierfür ist die Augenfarbe: Braun ist eine andere Kategorie als grün, aber nicht höher oder niedriger und es besteht keine definierte Entfernung zwischen den beiden Farben. Blau wäre hierbei eine logische dritte Kategorie.
- **Numerische Variablen**: Die Werte numerischer Variablen werden – wie bereits der Name vermuten lässt – gemäß ihrer numerischen Größe interpretiert. Sie enthalten also nicht nur die gleich-ungleich-Relation, sondern auch Information über Differenzen und Verhältnisse. Diese sind allerdings in manchen Fällen nicht sinnvoll interpretierbar (z. B. bei Schulnoten)

Die Labels kategorialer Variablen werden von *Klassifikationsmodellen* vorhergesagt, während jene numerischer Variablen von *Regressionsmodellen* vorhergesagt werden. Die Wahl dieser Modelltypen geht mit unterschiedlichen Learnern, aber auch anderen Loss-Funktionen einher, welche genauer in Abschn. 2.2 beschrieben werden. Viele Learner können durch leichte Anpassungen sowohl zur Klassifikation als auch zur Regression dienen. Klassifikations- und Regressionsbäume (Classification and Regression Trees; *CARTs*), nutzen beispielsweise ein nahezu identisches Prinzip zur Vorhersage kategorialer und numerischer Labels.

Ein wichtiger Aspekt beider Variablentypen ist die Skalierung. Die Skalierung von Variablen ist beliebig anpassbar und theoretisch kann jede Variable beliebig kodiert werden, nur werden unpassende Kodierungen wahrscheinlich in unbrauchbaren Vorhersagen resultieren. Wenn also eine kategorische Variable mit Nominalskalenniveau numerisch kodiert wird, sind Abstände und Verhältnisse mathematisch unproblematisch, jedoch inhaltlich sinnlos (Stevens, 1946). Entscheidend im Analyseprozess ist daher, dass die Skalierung der Targetvariable zum gewählten Learner passt und in der Datenaufbereitung alle Variablen (Target und Features) richtig kodiert werden.

1.1.3 Vergleich ML und Inferenzstatistik

ML und klassische Inferenzstatistik unterscheiden sich auf mehreren – häufig subtilen – Ebenen und haben eine teilweise unterschiedliche Terminologie. Die beiden Ansätze verfolgen verschiedene Philosophien, wie Breiman et al. (2001) über diese zwei Kulturen des Modellierens ausführt. Klassische Inferenzstatistik ist eine Kultur der Datenmodellierung, bei der die Erklärung der Funktion, welche die Features und die Zielvariable verbindet, im Zentrum der Analyse steht. Ein bestimmtes Modell wird hier aktiv ausgewählt; die Parameter des Modells werden auf Basis der Daten geschätzt. Ein klassisches Beispiel ist die lineare Regression, bei der zwar die Parameter des Regressionsmodells geschätzt werden, allerdings die Annahme eines linearen Zusammenhangs, die Anzahl der Prädiktoren und damit die Anzahl der Modellparameter vorab festgelegt wurden. Im Fokus steht die *Erklärung* des funktionalen Zusammenhangs f zwischen unabhängigen Variablen und abhängiger Variable.

Die Verteilungen der beteiligten Variablen werden als bekannt vorausgesetzt. Diese inferenzstatistische Herangehensweise hat einen großen Vorteil: Da alle mathematischen Eigenschaften der Verteilungen bekannt sind, können diese genutzt werden, um – oft in nur einem einzigen Rechenschritt – alle Parameter eines Modells zu bestimmen. Eine lineare Regression lässt sich etwa als Schätzung der auf die unabhängige Variable bedingten Verteilung der abhängigen Variable formulieren – unter Voraussetzung eines linearen Zusammenhangs. Am Beispiel der Normalverteilung bedeutet dies, dass die komplexe Information der ganzen Verteilung mit nur zwei Kennwerten, nämlich Erwartungswert und Varianz, vollständig, das heißt *suffizient*, beschrieben werden kann und sich zeigen lässt, dass etwa die Berechnung des arithmetischen Mittels eine optimale (d. h. konsistente, effiziente und erwartungstreue) Schätzfunktion für den Erwartungswert ist. Die Schätzfunktionen werden dabei so ausgewählt, dass sie bezüglich der angenommenen mathematischen Verteilungen optimal sind, nicht hinsichtlich der tatsächlich beobachteten Daten. Das ist beim ML anders, wie im nächsten Abschnitt dargestellt wird.

Die inferenzstatistische Herangehensweise hat damit jedoch zwei entscheidende Nachteile: Erstens müssen die oben genannten Modellannahmen zutreffen. Zweitens bleibt die Form der Zusammenhänge, welche geschätzt werden können, konstant. Sie passt sich nicht an die aktuelle Datensituation an. Beispielsweise schätzt eine lineare Regression nur die spezifizierten Regressionsgewichte. Sie kann nicht selbst „entscheiden", welche Variablen in ein Modell aufgenommen werden sollen, und sie kann nur lineare Zusammenhänge modellieren. Ist ein

1.1 Was ist Machine Learning?

Zusammenhang jedoch quadratisch oder eine Sprungfunktion, können die Daten mittels eines linearen Modells nur unpassend beschrieben werden und müssen händisch spezifiziert werden.

Bei ML steht die Vorhersage des Targets (bei den unbekannten Testdaten) im Mittelpunkt. Um dies vereinfacht zu beschreiben und gleichzeitig die relevanten Aspekte hervorzuheben, kann beispielhaft ein Gedankenexperiment aus dem Bereich der Kognitionspsychologie herangezogen werden: Nehmen wir an, ein Mensch hätte noch nie in seinem Leben eine Tasse gesehen. Nun bekommt er zehn verschiedene Tassen gezeigt und soll im Anschluss neue Gegenstände danach kategorisieren, ob sie auch Tassen sind oder nicht. Es wäre für diesen Menschen absolut hinderlich, sich jedes Detail der zehn gesehenen Tassen zu merken. Schließlich werden die neuen Tassen in etwa so aussehen wie die zehn „Trainingstassen", allerdings nicht identisch. Details werden anders sein, allerdings dürfen diese nicht davon ablenken, die neuen Tassen trotzdem als solche zu erkennen. Somit ist die Unschärfe in der Kategorisierung auch bei menschlichem Lernen eine wichtige Komponente, um mit neuen Daten (oder eben Tassen) umzugehen. Diese Überlegungen lassen sich analog auf die Modellbildung beim ML übertragen.

Das zur Vorhersage gebildete Modell selbst setzt sich oft aus einer Kombination aus sehr vielen, sehr lokalen und sehr einfachen Modellen, sozusagen aus einer Kombination aus „Minimodellen" (sog. *Ensembles*) zusammen. Diese können zum Beispiel bestimmen, dass Werte auf einem eingeschränkten Intervall eines einzelnen spezifischen Features mit einem Faktor gewichtet werden oder dass für eine gewisse Kombination aus drei kategorialen Feature-Ausprägungen immer ein bestimmtes Label vorhergesagt wird. Wie diese Minimodelle konkret aussehen, wie viele von ihnen ein Gesamtmodell bilden und wie ihre einzelnen Vorhersagen konkret zu einem Gesamtmodell kombiniert werden, hängt maßgeblich vom gewählten Learner und von der Komplexität des gesuchten Zusammenhangs ab und kann sich daher auch von Datensatz zu Datensatz unterscheiden. Generell gilt jedoch: Einzeln betrachtet sind diese Gewichtungen oder lokalen Vorhersageentscheidungen weder besonders prädiktiv noch intuitiv. Erst im Zusammenspiel erreichen sie eine hohe Flexibilität und damit auch eine hohe Vorhersagekraft (siehe auch Abb. 1.3).

Die Bildung des Modells wird also weitgehend automatisch nach den vorgegebenen Regeln des vorab definierten Learners und in Abhängigkeit der Vorhersagegenauigkeit durchgeführt. Breiman et al. (2001) nennt dies die algorithmische Modellierungskultur. Hierbei kann das fertige Modell eine „Blackbox" bleiben, sodass der funktionale Zusammenhang f zwischen Features und Target nicht einsehbar oder nachvollziehbar ist, muss es aber nicht. Bei der Unterscheidung der beiden Ansätze ist es wichtig zu beachten, dass sie dennoch große Überschnei-

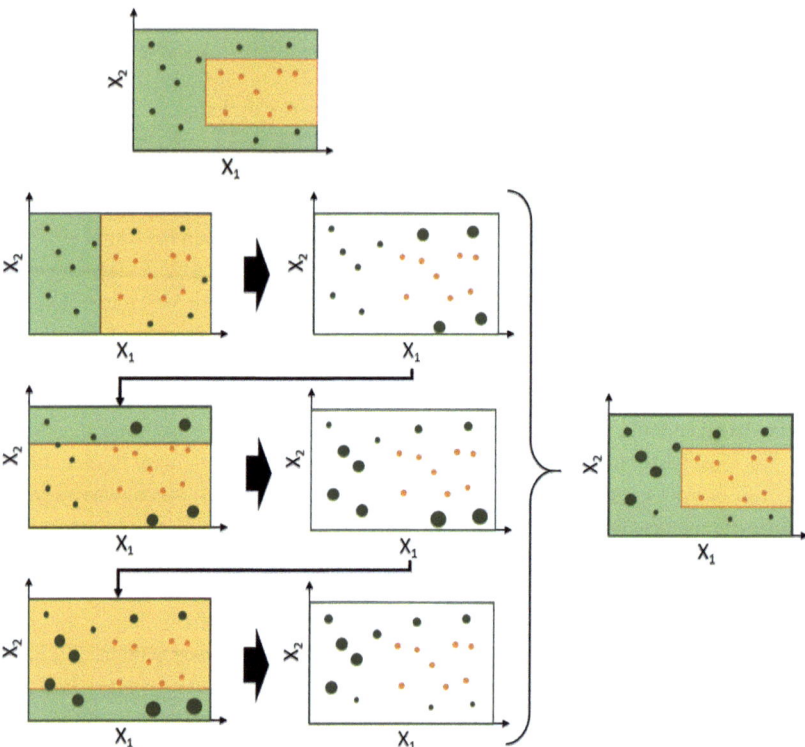

Abb. 1.3 Visualisierung für die Kombination vieler sehr einfacher Modelle, um eine komplexe Datenstruktur abzubilden. Hier trennen drei einfache Modelle einen Bereich schwarzer Kugeln von nicht-schwarzen Kugeln ab. Jedes einfache Modell trennt genau einen Bereich ab, sodass die Kombination der drei Modelle eine perfekte Trennung ergibt. *Abb. selbst erstellt*

dungsbereiche aufweisen: Eine lineare Regression kann problemlos als Learner im ML-Kontext eingesetzt werden, ebenso ein logistisches oder ein multinomiales Modell zur Klassifikation.

Der Unterschied ist, dass inferenzstatistische Ansätze Annahmen über das korrekte Modell, die Verteilung der Variablen und Signifikanzvoraussetzungen bezüglich der Generalisierbarkeit der Ergebnisse im Vorhinein festlegen, während der ML-Ansatz durch Aufteilung der Stichprobe in Training- und Testsets die Generalisierbarkeit der Vorhersage – im Rahmen der vorhandenen Stichprobe – direkt testet. Am Beispiel der linearen Regression bildet eine Gerade der

Form $\hat{y}_i = \beta_0 + \beta_1 x_{1i}$ die Modellgleichung. Im inferenzstatistischen Kontext würde typischerweise diejenige Gerade als Modellgerade definiert, welche die Residuenquadratsumme (also $\sum_{i=1}^{n}(\hat{y}_i - y_i)^2$, die quadrierte Differenz zwischen den durch das Modell vorhergesagten Werten $\hat{y}_i$ und der Ground Truth y_i mit $i = 1, \ldots, n$) am gesamten Datensatz minimiert. Bei ML hingegen würde man die optimale Modellgleichung zwar am Trainingsset schätzen, anschließend jedoch diejenige Gleichung auswählen, welche die Residuensumme am Testset minimiert. Die Schätzung des Generalisierungsfehlers durch die Aufteilung in verschiedene Substichproben wird in Abschn. 2.4 ausführlich beschrieben.

Eine wichtige Erkenntnis ist hierbei, dass die Fokussierung auf den Generalisierungsfehler durch die Validierung des Modells an Teststichproben bei ML einen großen Stellenwert genießt, da viele der eingesetzten Modelle so flexibel sind, dass sie – im Gegensatz zu klassischen (generalisierten) linearen Modellen – über eine zu gute Anpassungsfähigkeit an die Daten verfügen. Sehr flexible Modelle können Zufallsstichproben so perfekt modellieren, dass sie alle Datenpunkte (bei Personen auch „Fälle" genannt) perfekt vorhersagen. Wie allerdings in Abschn. 2.3 in der Erklärung zu *Overfit* beschrieben wird, ist dies nicht erstrebenswert und mindert die Generalisierbarkeit des Modells. In vielen ML-Algorithmen werden aus diesem Grund Mechanismen eingebaut, die während des Trainings Zufälligkeit erzeugen, um die Modellpassung an die Trainingsdaten einzuschränken. Dies mag aus inferenzstatistischer Perspektive kontraintuitiv sein, ist allerdings einer der wichtigsten Faktoren zur Sicherung der Generalisierbarkeit der Modellperformanz bei ML.

1.2 Anwendungsfelder von Machine Learning

Durch die spezifischen Anforderungen und Erfahrungen einschneidender gesellschaftlicher Ereignisse wie einer pandemischen Lage hat die Bedeutung von Digitalisierung, Datenverfügbarkeit und deren effizienter Auswertung und Nutzung in den letzten Jahren beträchtlich zugenommen und mittlerweile beinahe alle Lebensbereiche erfasst (Leitgöb et al., 2023; Nguyen et al., 2022; Schünemann et al., 2022). Dies bringt Veränderungen mit sich und eröffnet sukzessive immer wieder neue Anwendungsfelder, sodass Ziel- oder Endpunkte dieser fortschreitenden Entwicklung gegenwärtig noch nicht ansatzweise abzusehen sind (Filmer et al., 2022; Grimmer et al., 2021). Die Fülle an Datensituationen und -gelegenheiten, in denen ML-Verfahren als vergleichsweise junger Bereich der Statistik und Methodenlehre künftig zum Einsatz kommen können, klassische Methoden ersetzen und sich als besonders ertragreich erweisen werden, ist derzeit also noch kaum abzuschätzen (Grimmer et al., 2021).

Unter dieser Prämisse erhebt die nachstehende Übersicht keinen Anspruch auf Abgeschlossenheit und Vollständigkeit, sondern bietet exemplarisch Anregungen und Einblicke in bildungs- und sozialwissenschaftliche Forschungsbereiche, in denen ML bereits erfolgreich eingesetzt wird oder dessen Verwendung besonders gewinnbringend erscheint. Ähnliche Zusammenstellungen (z. T. inkl. weiterführender methodischer Hinweise und verfügbarer Statistikprogramme und -pakete) finden sich auch bei Athey und Imbens (2019), Grimmer et al. (2021), Lundberg et al. (2022), Molina und Garip (2019) sowie Mullainathan und Spiess (2017).

1.2.1 Machine Learning bei konventionell generierten Daten

National wie auch international sind in der sozial- und bildungswissenschaftlichen Forschung breit gefächerte Monitorings, Panele und Large-Scale-Assessments von großer Relevanz. Hierzu gehören beispielsweise neben großen nationalen Vergleichsstudien wie VERA (VERgleichsArbeiten), der IQB-Bildungstrend (Institut zur Qualitätsentwicklung im Bildungswesen), das nationale Bildungspanel (NEPS) oder der GESIS Gesellschaftsmonitor auch internationale Studien bei Schülerinnen und Schülern wie TIMSS (Trends in International Mathematics and Science Study), PIRLS (Progress in International Reading Literacy Study) und PISA (Programme for International Student Assessment) oder bei Lehrkräften MT21 (Mathematics Teaching in the 21st Century), TEDS-M (Teacher Education and Development: Learning to Teach Mathematics) oder TALIS (Teaching and Learning International Survey). Die Daten, die darin jährlich von mehreren hunderttausend Personen aus bis zu 48 verschiedenen Ländern gewonnen werden, werden zwar noch überwiegend mittels klassischer Erhebungsformate wie analogen oder digitalisierten, computergestützten Fragebögen und Tests erfasst, sind aber meist äußerst umfangreich und komplex strukturiert. Sie umfassen neben Angaben von Schülerinnen und Schülern nicht selten auch Daten von Lehrkräften und Schulleitungen, zur Klassen- und Schulsituation, von Erziehungsberechtigten oder zu (länderspezifischen) Bildungsadministrationen und -systemen. Zu ihrer Analyse wird eine Vielfalt an Methoden herangezogen, die von grundlegenden deskriptiven Auswertungen, Korrelationen und einfachen Testverfahren bis zu fortgeschrittenen Analyseansätzen mit Mehrebenenmodellen oder latenter Modellierung reicht (Hellas et al., 2018).

Aufgrund der Vielzahl an enthaltenen Informationen (z. B. soziodemographischer Hintergrund, schulische Lernkontexte bzw. individuelle Lernschwierigkeiten und -strategien, leistungsbezogene Einstellungen und Motivationen von Schülerinnen und Schülern, aber auch deren Lehrkräften etc.) lassen sich die erhobenen Daten hiermit aber kaum erschöpfend auswerten, unterliegen dem Problem der Multikollinearität und bergen zumeist ein enormes Nachnutzungspotenzial. Dieses kann aufgrund der zunehmend optimierten Dokumentation und Zugänglichkeit entsprechender Datensätze in Forschungsdatenzentren wie dem Forschungsdatenzentrum Bildung oder dem GESIS-Datenarchiv für Sozialwissenschaften auch von Sekundärforschenden abgerufen werden. Sofern theoretisch sinnvoll, bieten sich hierfür in der Regel ML-Verfahren an, da sie die Fülle an Variablen für jeden Teilnehmenden und dessen persönlichen Lebenskontext, welche diese Datensätze beinhalten, systematisch einbeziehen und berücksichtigen können. Während durch ML bei konventionellen Daten vor allem deren Potenzial umfassender und tiefgründiger genutzt werden kann, sind entsprechende Ansätze zur Analyse automatisiert generierter Daten aufgrund deren immenser Granularität, Dynamik und Quantität nahezu alternativlos.

1.2.2 Machine Learning bei automatisiert generierten Daten

Neben der Verfügbarkeit großer Datensätze sind die veränderten Modalitäten und beinahe Omnipräsenz der Datenerfassung und die zunehmende Nutzung neuer Datentypen und -formate sowie deren teils enorme Feinkörnigkeit, detailreicher Auflösungsgrad und hohe Komplexität, die mit traditionellen, nicht digitalen Verfahren kaum zu erreichen wären, weitere Gründe für die Sozial- und Bildungswissenschaften, sich intensiver mit Anwendungsmöglichkeiten und -vorteilen von ML-Methoden auseinanderzusetzen (Hellas et al., 2018; Leitgöb et al., 2023). Um das besondere Potenzial, welches ML hier birgt, nachvollziehen zu können, ist eine gewisse Aufmerksamkeit für die verschiedenen Arten von Daten (z. B. Text-, Video-, Tracking- und Sensordaten) erforderlich, welche hier anfallen und einbezogen werden können (Romero & Ventura, 2010). Zusätzlich zu den traditionellen Fragebögen und Tests auf Papier spielen künftig vermehrt digitale, interaktive Erhebungsinstrumente eine Rolle, insbesondere um latente Konstrukte wie in den Bildungs- und Sozialwissenschaften üblich zu untersuchen. In Bezug auf diese Konstrukte bieten neuartige Erhebungsformate vor allem dann einen Mehrwert, wenn (wie z. B. bei PISA) nicht nur digitalisierte, sondern dynamische, adaptive und interaktive Elemente in den Tests und Fragebögen enthalten sind. Diese können nur in computergestützten Umgebungen sinnvoll realisiert werden, wie z. B. Echtzeitsimulationsszenarien in den Naturwissenschaften oder andere innovative Itemformate (OECD, 2019a,b,c, 2020). Computergestützte Erhebungsformen können die Authentizität und inhaltliche Validität in Bezug auf die gemessenen

Konstrukte verbessern und die Datenerhebung strukturierter, zeitsparender und damit effizienter, variabler und angemessener machen. Darüber hinaus kann ein mehrstufiges adaptives Design die Messgenauigkeit erhöhen, wenn z. B. die Auswahl und Reihenfolge der Items durch einen anpassungsfähigen ML-Algorithmus gesteuert wird, der Antworten auf vorangegangene Items berücksichtigt.

Des Weiteren können zusätzliche Meta- oder Prozessdaten erhoben werden, die über bloße Bearbeitungszeiten für Items, Abbruchpunkte in Videos, klassische Reaktionszeiten oder digitalisiert erhobene Experience-Samplings hinausgehen (z. B. Kunter et al., 2013; Reis & Gable, 2000). Hierzu gehören unter anderem feingliedrige Trackingdaten beispielsweise zu Aufmerksamkeitsprozessen wie auch alltäglichen Handlungen und Tätigkeiten, geographischen Aufenthaltsorten, Nutzungs- und Verhaltensweisen in sozialen Medien oder ambulanten Assessments sowie längerfristigen Längsschnittuntersuchungen, die zunehmend über mobile Endgeräte in ökologisch validen Alltags- und Anforderungssituationen gewonnen werden (Beach & McConnel, 2019; Egger & Yu, 2022; Leitgöb et al., 2023; Nguyen et al., 2022; Schwitter et al., 2022; Seewann et al., 2022). Auch Logdaten bei der Interaktion mit digitalen Umgebungen spielen eine immer größere Rolle, in denen jeder Klick, jede Bewegung und jede Position des Cursors oder – allgemeiner – jede (vordefinierte) Benutzeraktion registriert und fast gleichzeitig mit den präsentierten Items bzw. Aufgaben in Verbindung gebracht werden kann. So nutzen beispielsweise Yu et al. (2019) in einem computergestütztes Lernsystem MOOC-Clickstreams zur Vorhersage von Lernerfolgen und Čisar et al. (2016) ein adaptives Testsystem zur Bewertung von Kenntnissen in der Programmiersprache C++. Für diese Daten, die kontinuierlich sowie in Bruchteilen von Sekunden generiert werden und sich aus verschiedenen Quellen und Typen mit unterschiedlichen Skalen und häufig diffusen Kodierungen zusammensetzen, bietet sich die Verwendung von ML-Methoden geradezu an (Ciolacu et al., 2017).

Beim *Mobile Sensing* werden außerdem beispielsweise Daten über das Verhalten von Teilnehmenden (Harari et al., 2017) oder ihren Kontext bzw. Aufenthaltsort (Harari et al., 2018) mithilfe mobiler, mit Sensoren ausgestatteter technischer Geräte kontinuierlich und unbemerkt im Hintergrund erfasst, gespeichert und unverzüglich verarbeitet, was auch Effekte der sozialen Erwünschtheit und Reaktanz reduzieren kann (sog. passives Sensing; Eagle & Pentland, 2006; Lang et al., 2010; Leitgöb et al., 2023). In der psychologischen Forschung wird Mobile Sensing unter anderem dazu eingesetzt, Alltagsverhalten (z. B. Sozial- und Kommunikationsverhalten, Mobilität, körperliche Aktivität, Mediennutzung und Tag-Nacht-Aktivität) zu untersuchen und diese Verhaltensmetriken mit individuellen Unterschieden in der Persönlichkeit in Verbindung zu bringen (Budimir et al., 2020; Harari et al., 2020; Montag et al., 2015; Schoedel et al., 2018, 2023, 2020; Stachl et al.,

1.2 Anwendungsfelder von Machine Learning

2017, 2020). So zeigt die Analyse digitaler Fußabdrücke oder der Nutzung von Smartphones bereits vielfach, dass diese zuverlässig mit latenten psychologischen Konstrukten wie Persönlichkeitsmerkmalen (Harari et al., 2020; Schoedel et al., 2023; Stachl et al., 2017, 2020), dem psychischen Wohlbefinden (Cornet & Holden, 2018; Servia-Rodríguez et al., 2017) oder dem Schweregrad einer klinischen Depression (Saeb et al., 2016) zusammenhängen.

Sofern genügend Daten verfügbar sind, können geeignete ML-Verfahren aus digitalen Fußabdrücken in sozialen Medien die selbstberichtete Persönlichkeit sogar genauer vorhersagen als Einschätzungen von Peers (Youyou et al., 2015). Außerdem bietet laut einer Studie von Park et al. (2015) die Bewertung der Sprache in sozialen Medien eine inkrementelle Validität im Vergleich zu klassischen Berichten von Informantinnen und Informanten und diskriminiert zuverlässig zwischen Persönlichkeitsmerkmalen. Ferner veröffentlichten Kosinski et al. (2015) die Facebook-Anwendung myPersonality, die in der Psychologie als Meilenstein digitaler Persönlichkeitsbewertungen angesehen wird und Profile von fast 7,5 Millionen Facebook-Nutzerinnen und Nutzern umfasst, von denen etwa 2 Millionen auch Daten auf ihren Facebook-Profilen teilen.

Diese und weitere zunächst vorwiegend explorativ durchgeführte Forschungsansätze verdeutlichen das enorme Potential, welches die Anwendung von ML-Verfahren auf derartige Datentypen und -strukturen birgt. Denn die Verhaltensdaten sind mehr als Manifestationen vermutlich zugrunde liegender latenter Merkmale oder interessante Korrelate etablierter Fragebögen, sondern können zusätzlich zur Validierung der latenten Konstrukte (Bleidorn & Hopwood, 2019; Stachl et al., 2020) und zur Darstellung individueller Unterschiede selbst verwendet werden (Boyd et al., 2020). Derartige Herangehensweisen sind in den Sozial- und Bildungswissenschaften bislang allerdings selten (Barkley & Lepp, 2016; Harari et al., 2017), könnten jedoch in zahlreichen Kontexten eingesetzt werden und vielversprechende Zugänge, neue Interpretationsperspektiven und tiefer liegende Informationsebenen bezüglich gewisser bildungs- und sozialwissenschaftlicher Phänomene erschließen (Egger & Yu, 2022).

Schließlich kann auch die oft zeit- und kostenintensive Aufbereitung umfangreicher, unstrukturierter und detaillierter Daten durch ML-Methoden unterstützt und erleichtert werden. Beispiele hierfür sind die automatisierte Verarbeitung, Transkription, Klassifizierung und Auswertung von Text-, Audio- oder auch Videodaten insbesondere aus dem Bereich der sozialen Medien (z. B. Facebook, Twitter, Instagram, Reddit, YouTube) im Rahmen der natürlichen Sprachverarbeitung und Linguistik (Egger & Yu, 2022; Lundberg et al., 2022; Munnes et al., 2022; Seewann et al., 2022). ML-Algorithmen bieten hier vielversprechende Ansätze zur Untersuchung mündlich wie schriftlich sprachlicher Dokumente, die für die sprach- und kommunikationsbasierte bildungs- wie auch die sozialwissenschaftliche Forschung von großer Relevanz sind (Munnes et al., 2022).

Mit Veröffentlichung der neuesten ML-basierten Sprachmodelle (z. B. Transformatoren: RoBERTa, BERT, GPT-4) können Computer auf Basis einer ausreichenden Menge an Trainingsdaten Texte hervorbringen und interpretieren, die denjenigen natürlicher Personen sehr ähnlich sind (Solaiman et al., 2019). Umgekehrt ermöglichen derartige Sprachmodelle auch eine automatisierte Beurteilung und Klassifikation von Texten beispielsweise in sozialen Medien, wie dies Park et al. (2015) in Bezug auf Persönlichkeitsmerkmale oder Hadler et al. (2022) hinsichtlich deren Kohärenz zu Umfrageantworten vornehmen. Haensch et al. (2022) zeigen zudem auf, wie mittels supervidierten ML-Verfahren wie den baumbasierten Methoden Random Forest und Boosting, Support Vector Machines (SVM), multinominaler Regression oder naiven Bayes-Klassifikatoren aus einer großen Anzahl von Freitextantworten auf offene Fragebogenitems interpretierbare Messwerte bezüglich der Umfragemotivation extrahiert werden können.

Eine Studie von Munnes et al. (2022), in der unterschiedliche (wörterbuchbasierte, supervidierte bzw. nicht supervidierte) computationale Ansätze zur Sentimentanalyse in komplexen Texten der aufwändigen händischen Kodierungsmethode gegenübergestellt werden, erkennt darin zwar weiterhin den Goldstandard, unterstreicht zugleich aber auch das große Potenzial vor allem semi-supervidierter maschineller Verfahren bei der Bewältigung äußerst umfangreicher, komplexer Textmengen (vgl. auch Grimmer et al., 2021; Haensch et al., 2022; Lundberg et al., 2022). Dieses bergen und veranschaulichen ferner Egger und Yu (2022) bei einem systematischen Vergleich von vier verschiedenen Topic Modelling-Verfahren (Latent Dirichlet Allocation [LDA], nicht negative Matrixfaktorisierung [NMF], Top2Vec und BERTopic) zur Analyse von Twitter-Meldungen. Aus eben diesen extrahieren Nguyen et al. (2022) Geoinformationen, die über GPS-Koordinaten hinausgehen, und verknüpfen diese mit inhaltlichen Analysen zu regional variierenden Einstellungen, Verhaltensweisen und Sprachgewohnheiten von Nutzerinnen und Nutzern. Derartige heterogene Informationen aus Twitter gehen bei Schünemann et al. (2022) in komplexe computationale Netzwerkanalysen ein, um den internationalen Verlauf des COVID-19-Diskurses auf europäischer Ebene zu rekonstruieren. Im Rahmen eines Methodenvergleichs von Expertinnen- und Expertenratings, eines wörterbuchgestützten Ansatzes, eines algorithmischen, webbasierten Zugangs und eines multinominalen naiven Bayes-Verfahrens (MNB) versuchen Seewann et al. (2022), anhand von Daten aus YouTube-Kanälen unter anderem Geschlechtszugehörigkeit und -verständnis der dahinterstehenden Personen zu bestimmen. In einem gegenseitigen Vergleich der eingesetzten Methoden erzielt gerade der ML-Ansatz MNB insgesamt die höchste Performance (Seewann et al., 2022).

Der Umgang mit diesen neuen, feinkörnigen und unterschiedlichen Datentypen erfordert jedoch eine intensive Vorverarbeitung (siehe Abschn. 3), geeignete Modelle, theoretisches Fachwissen und Kenntnisse über typische Fallstricke bei der Analyse (Munnes et al., 2022). Hier können Bildungs- und Sozialwissenschaften von den bisherigen Erfahrungen und Entwicklungen anderer Bereiche wie unter anderem der Psychologie profitieren und daran anknüpfen.

1.2.3 Machine Learning bei Interventionsdesigns

Das bislang umfassendste Anwendungsgebiet für ML in den Bildungswissenschaften ist ihr Einsatz zur formativen Unterstützung und Verbesserung von Lehr- und Lernprozessen (zsf. z. B. Asthana & Hazela, 2020; Bimba et al., 2017; Hellas et al., 2018; Kučak et al., 2018). Hier werden sie unter anderem genutzt, um Leistungsstände von Lernenden schneller und genauer zu diagnostizieren, in Echtzeit detaillierte und individuelle Rückmeldungen zu geben sowie dem Lernstand angemessene nächste Lernschritte und Fördermaßnahmen zu empfehlen. Demgemäß gliedert sich die nachstehende Übersicht dem Interventionsprozess formativer Beurteilung folgend in beispielhafte Verwendungsansätze von ML zu Bewertungs-, Feedback- und Förderzwecken (Black & Wiliam, 1998).

Automatisierte Bewertung
Eine adaptive Unterrichtsgestaltung, welche Kinder bestmöglich fördert (Darling-Hammond, 2000), setzt eine kontinuierliche und gründliche Evaluation des Leistungsstandes jedes einzelnen Lernenden voraus (Kunter et al., 2013; Philipp & Leuders, 2014), was gerade bei schriftlichen Aufgaben- und Prüfungsformaten oftmals recht zeit- und kostenintensiv ist (Kučak et al., 2018; Veal, 1983). Hier erweisen sich ML-Verfahren als besonders nützlich, da sich ihre Anwendung nicht nur auf die relativ einfache Bewertung geschlossener Antwortformate wie bei Single- oder Multiple-Choice-Aufgaben beschränkt, sondern diese auch Logdaten aus Lernmanagementsystemen (Ciolacu et al., 2017) sowie insbesondere kurze und lange Freitextantworten bis hin zu ganzen Aufsätzen beurteilen können (Gomaa & Fahmy, 2020). Diese stellen undefinierte Probleme dar, bei denen zudem inhaltsunabhängige Aspekte wie Handschrift, (falsche) Rechtschreibung oder Grammatik zu berücksichtigen sind. Der Vergleich mit einem „Modell des Expertenverhaltens" ist also wesentlich komplizierter und erfordert für unterschiedlichste Textsorten und -merkmale jeweils umfassende Modelle.

Im Rahmen des *Automated Essay Scoring* (AES), der „Fähigkeit von Computertechnologie, geschriebene Prosa zu bewerten und zu beurteilen" (Shermis & Burstein, 2003, S. 13), finden sich mittlerweile jedoch für die meisten schulischen

Anforderungssituationen geeignete AES-Modelle (Shermis & Burstein, 2003), mit deren Hilfe selbst handschriftliche Aufgabenlösungen verarbeitet und klassifiziert werden können (Jordan & Mitchell, 2015; Kučak et al., 2018). Durch den Einsatz von ML-Verfahren können hierbei selbst altbekannte Probleme der Aufsatzbewertung wie geringe Interraterreliabilitäten reduziert werden. AES weist zudem eine hohe Übereinstimmung mit menschlichen Bewerterinnen und Bewertern sowie eine gute Konstrukt- und prognostische Validität auf, was sowohl für die holistische als auch für die analytische Beurteilung gilt (Shermis & Burstein, 2003). Nach Berggren et al. (2019) kann AES entweder als Regressionsproblem oder als Klassifikationsaufgabe betrachtet werden, wurde aber jeweils am besten mit einem Support-Vector-Regressionsalgorithmus (siehe Abschn. 5.4) modelliert.

In einer Studie von Balyan et al. (2017) wurde ferner die Bewertung von essayistischen Literaturinterpretationen, elaborierten *n*-Grammen und linguistischen Merkmalen mittels Klassifizierung durch natürliche Sprachverarbeitung untersucht. Sie fanden heraus, dass Random Forests die exaktesten Modelle für die Bewertung literarischer Interpretationen sind, und zwar mit einer beeindruckenden Genauigkeit zwischen 61 und 94 Prozent. Eine computergestützte Bewertung kann somit nicht nur zu einer Ressourcenersparnis beitragen (Nafea, 2018), sondern auch die Beurteilungsqualität erhöhen, indem die angelegten Kriterienraster einheitlichen, erlernten und vorgegebenen Prinzipien folgen (Kučak et al., 2018; Naidu et al., 2020; Shermis & Burstein, 2003). Dies kann auch für empirischsozialwissenschaftliche Arbeiten von großer Relevanz sein, wenn beispielsweise eine Vielzahl qualitativer Textdaten zu kodieren, zu ordnen oder gemäß vorgegebener Richtlinien zu interpretieren ist.

Effektive Feedbackverfahren
Qualitativ hochwertiges und effektives Feedback gilt als wesentlicher Indikator für guten und erfolgreichen Unterricht (Hattie & Timperley, 2007; Wisniewski et al., 2020). Es sollte unmittelbar erfolgen, auf konkreten, transparenten und objektivierbaren Kriterien fußen sowie detailliert, leistungsdifferenziert und individuell am Kenntnis- und Leistungsstand von Lernenden ausgerichtet sein (z. B. Balyan et al., 2017; Gomaa & Fahmy, 2020; Hattie & Gan, 2011). Während dies im Klassenverband und gewöhnlichen Unterrichtsalltag nahezu unmöglich ist, kann hierzu eine automatisierte Auswertung von Aufgabenbearbeitungen in computergestützten Lernumgebungen durch die Implementierung von ML neue Möglichkeiten bieten (Bimba et al., 2017; Blikstein & Worsley, 2016; Kochmar et al., 2020). So können beispielsweise alle Lernenden aktiv in den Feedbackprozess einbezogen, adaptive Rückmeldungen realisiert und vorab individuelle Lernziele festgelegt werden.

1.2 Anwendungsfelder von Machine Learning

Hierzu werden immer häufiger Online-Plattformen genutzt (z. B. Bimba et al., 2017; Ouadoud et al., 2017; Yu et al., 2019), die eine enorme Menge an digitalen Daten zur Verfügung stellen (Ciolacu et al., 2017). Diese umfassen unter anderem feinkörnige Protokolldateien von Lernenden-Computer-Interaktionen und komplexe Echtzeitinformationen aus Onlinetestverfahren (z. B. Hellas et al., 2018; Juhaňák et al., 2019) oder Lernmanagementsystemen (Ciolacu et al., 2017), aber auch indirektere Messgrößen wie digitale Fußabdrücke (Kosinski et al., 2015; Lambiotte & Kosinski, 2014) oder hochfrequente mobile Messdaten mobiler Sensoren (Harari et al., 2017). Diese werden beim computergestützten kollaborativen Lernen, in personalisierten Online-Lernumgebungen (inkl. adaptiven Tests), in riesigen offenen Onlinekursen (MOOCs) mit einer Vielzahl an Lernenden (z. B. Baker et al., 2009; Kennedy, 2014) und in intelligenten Tutorensystemen nutzbar gemacht, um beispielsweise in Form von Textbausteinen oder digitalen Assistenten effektives Feedback zu geben. Zudem können diese Methoden rasch die erforderlichen Daten liefern, um individuelle Lernschwierigkeiten oder kritische Situationen in persönlichen Bildungsverläufen zu erkennen und umgehend personalisierte Unterstützung wie auch verschiedene Optionen für Interventionen vorzuschlagen (z. B. durch automatische Empfehlungssysteme).

Unterstützung des individuellen Lernens

Lernstandsangemessene, adaptive Aufgaben sind die interventionsorientierte Schnittstelle zwischen effektivem Feedback und der Unterstützung des individuellen Lernprozesses, da eine adäquate Aufgabenauswahl für substanzielle Fortschritte unerlässlich ist (Bimba et al., 2017; Hattie & Timperley, 2007). Hierbei können ML-Verfahren helfen, indem sie persönliche, bildungsbiographische, motivationale und kognitive Merkmale von Lernenden (Gonzaáles-Brenes & Huang, 2015; Hattie & Timperley, 2007; Turabik & Baskan, 2015) automatisiert und in Echtzeit berücksichtigen sowie gemäß der Zone der proximalen Entwicklung deren Lernkurven modellieren bzw. Lehr-, Lern- und Selektionsprozesse optimieren (vgl. Naidu et al., 2020; Philipp & Leuders, 2014; VanLehn, 2006; Vygotsky, 1978). Genau hierauf zielen intelligente Tutoren-, virtuelle Assistenz oder Empfehlungssysteme (*Recommmender Systems*) ab (Kulik & Fletcher, 2016; VanLehn, 2011), indem sie Erklärungen, Anweisungen, Übungen, Literaturhinweise oder auch detaillierteres Feedback in der Regel einerseits bei jedem einzelnen Lösungsschritt adaptiv zur Verfügung stellen, andererseits die nächste Problemstellung an der Bearbeitung der vorherigen Aufgabe(n) orientieren (Kučak et al., 2018; Nafea, 2018; VanLehn, 2006).

Einen anschaulichen, experimentellen Einblick in Aufbau und Funktionsweise derartiger Systeme bieten Valtonen et al. (2019) dadurch, dass anhand von exemplarischen Profilen eigene Empfehlungsalgorithmen für Filme erstellt und getestet werden können. Als Anwendungsbeispiele bieten interaktive Lesestrategietrainings wie iSTART (Kopp et al., 2017) Hilfestellungen, Strategieübungen und unmittelbares Feedback auf Fragen. Frameworks wie Leopard (Gonzaáles-Brenes & Huang, 2015) oder ALEKS (Assessment and Learning in Knowledge Spaces; Falmagne et al., 2013) helfen beim Erwerb mathematischer Kompetenzen und der Lösung mathematischer Problemstellungen, da die präsentierten Inhalte und Aufgaben vom Kenntnisniveau abhängig sind und durch integrierte Empfehlungssysteme zusätzliche Erklärungen und Übungsmaterialien zur Lösungsfindung vorgeschlagen werden. Auf andere Weise nutzen unter anderem Goldberg et al. (2021) ML-Ansätze, um komplexe Interaktionsstrukturen in Unterrichtsvideos, wie sie analog auch in sozialwissenschaftlichen Forschungskontexten von Interesse sein können, auszuwerten und darauf basierend Handlungsempfehlungen für Lehrkräfte zu entwickeln. Den Erfolg ihrer Lernmodelle bewerten Tutoren- und Assistenzsysteme hinsichtlich vordefinierter Performanzkriterien oder der Nutzerzufriedenheit (Gonzaáles-Brenes & Huang, 2015). Überlegungen, eigene Pilotstudien und Übersichten zu ML-basierten Ansätzen in der Interventionsforschung der internationalen Entwicklungssoziologie bzw. in der experimentellen sozialwissenschaftlichen Forschung zu Deepfakes bieten Eberl et al. (2022) und Schwitter et al. (2022).

Zusammenfassend lässt sich also mit Lundberg et al. (2022) feststellen, dass ML von Wissenschaftlerinnen und -schaftlern besonders gewinnbringend eingesetzt werden kann, um sehr umfangreiches, unstrukturiertes und komplexes Rohdatenmaterial unterschiedlichster Art zu erschließen, zu kodieren und auszuwerten. Dabei kommt ML weitestgehend ohne einschränkende statistische Vorannahmen aus und bietet hierdurch mannigfaltige Möglichkeiten und Freiheiten bei der Modellierung. Dies kann auch dazu beitragen, Untersuchungsfokus und -ziele weniger nach zu berücksichtigenden methodisch-statistischen Notwendigkeiten und Limitationen auszurichten, sondern eher auf die inhaltlichen Fragestellungen bildungs- und sozialwissenschaftlicher Forschung zu legen. Damit ist nach Grimmer et al. (2021) die Bereitschaft zu einem erforderlichen Perspektiven- und Paradigmenwechsel von einem vorrangig deduktiven, zu einem stärker sequenziellen, interaktiven und letztlich induktiven Forschungszugang verbunden (vgl. auch Lundberg et al., 2022).

Grundidee des Machine Learnings 2

Die Grundidee von ML ist die schrittweise Annäherung an eine Vorhersage des Targets durch einen Lernalgorithmus. Dieser Algorithmus liefert eine Funktion, mit der aus den Features das Target möglichst genau vorhergesagt werden kann. Die Regeln, nach denen diese Funktion gelernt wird, sind dabei ebenso integraler Bestandteil des Algorithmus wie die Eingrenzung der erlernbaren Funktionen und der Definition der Vorhersagegüte. Ein Algorithmus, der alle notwendigen Informationen zum Lernen aus Daten beinhaltet, nähert sich iterativ der optimalen Vorhersage im Rahmen der ihm vorgegebenen Regeln. Einige Aspekte dieses Lernprozesses wurden in den vorangegangen Abschnitten bereits erwähnt wie die Wahl des Learners oder der Optimierungsvorschrift. Durch diese sehr breite Fassung von ML sind sehr viele unterschiedliche Sichtweisen und Beschreibungen des Prozesses möglich. Eine der umfassendsten und dabei anschaulichsten ist jene von Domingos (2012), welche ML als Kurvenanpassungsprozess beschreibt.

2.1 Drei Komponenten

Trotz der unzähligen Lernalgorithmen und zugehörigen Parametern hat ML einen klar definierten prozeduralen Rahmen, der sich durch festgelegte Bestandteile des Lernens in jedem einzelnen Lernschritt definiert und der von verschiedenen Seiten beleuchtet werden kann.

Um sich die Bestandteile des Lernprozesses zu vergegenwärtigen, ist eine genauere Betrachtung des menschlichen Lernprozesses hilfreich. Dieser ist dem maschinellen nicht unähnlich. Wenn wir beispielsweise lernen, einen Dartpfeil auf ein Ziel, das Bullseye in der Mitte des Dartboards, zu werfen, haben wir eine

Repräsentation des notwendigen Bewegungsablaufs im Kopf und lassen diese durch den Wurf ablaufen. Sobald der Pfeil im Dartboard steckt, nutzen wir eine Diskrepanzfunktion, welche uns zeigt, wie weit wir vom Ziel entfernt sind. Auf einem Dartboard wird dies oft durch nummerierte Ringe angezeigt, welche das Bullseye umschließen. Nachdem wir die Entfernung zum Ziel evaluiert haben, bestimmen wir die Richtung, in welche wir unseren Wurf adjustieren müssen, um dem Bullseye beim nächsten Versuch näherzukommen – das ist unsere interne Optimierungsfunktion. Der nächste Versuch stellt nun die nächste Iteration unseres internen Algorithmus zum Treffen des Ziels dar, durch Wurf, Evaluation und Optimierung – analog zum Prozess des maschinellen Lernens, wie ihn beispielsweise Domingos (2012) beschreibt.

Domingos (2012) schlägt eine Formulierung des ML-Prozesses als Fitting beziehungsweise Optimierung einer Kurve vor. Er benennt hierzu drei Komponenten, welche im obigen Beispiel ebenfalls identifiziert wurden und den Prozess des supervidierten ML beschreiben:

1. **Repräsentation**: ein Set parametrisierter Funktionen, welche im Prozess des Modellfittings gewählt werden können. Zu diesem Set gehören alle Modelle des Hypothesenraums, also die Menge aller möglichen Modelle, aus denen ein Lernalgorithmus wählen kann. Ist das Modell beispielsweise linear, beinhaltet der Hypothesenraum alle möglichen linearen Modelle, wodurch er gleichzeitig beschränkt ist und unendlich viele (lineare) Modelle umschließt.
2. **Evaluation**: eine Diskrepanzfunktion, welche das *Empirical Risk* (deutsch: *empirisches Risiko*) quantifiziert und für die Ungenauigkeit des Modells steht. Dieses Risiko soll im Lernprozess schrittweise minimiert werden. Das Risiko wird per *Loss-Function* (deutsch: *Verlustfunktion*) berechnet, was bei klassischen statistischen Verfahren typischerweise der Maximierung der Likelihood entspricht. Hierzu werden die wahren Labels der Zielvariable punktweise mit den vorhergesagten Werten verglichen. Der Abstand dieser wird nach der Vorschrift der Loss-Funktion quantifiziert und summiert. Ein Beispiel hierfür ist die Summe der quadrierten Abweichungen, deren arithmetisches Mittel den *Mean Squared Error* (MSE; deutsch: *mittlerer quadratischer Fehler*) ergibt.
3. **Optimierung**: eine Optimierungsvorschrift für die schrittweise Anpassung der Parameter. Nach dieser Vorschrift wird im Hypothesenraum das beste Parameterset für ein Modell zur Vorhersage der Labels gesucht. Das beste Set definiert sich durch die Minimierung des empirischen Risikos (siehe Abschn. 2.2), welches die Evaluation quantifiziert. Ein Beispiel ist das Gradientenverfahren, welches dieses Minimum durch die Berechnung des Gradienten (also der auf mehrere Dimensionen verallgemeinerten Ableitung) und des nächsten

2.1 Drei Komponenten

Evaluationspunktes in Gegenrichtung des Anstiegs der Funktion anvisiert. In Abb. 2.1 ist der Fall für eine Dimension visualisiert, allerdings kann der Gradient als Verallgemeinerung der Ableitung auf beliebig viele Dimensionen erweitert werden.

Durch Iteration dieser drei Komponenten entsteht ein Algorithmus, der den maschinellen Lernprozess beschreibt. Dessen Beginn wird durch die Startwerte der Parameter definiert, das Ende durch ein zuvor gewähltes Abbruchkriterium wie das Erreichen eines Minimums der Loss-Funktion, einer maximalen Anzahl an Iterationen oder die Unterschreitung einer Toleranz zur Verbesserung der Vorhersage. Die finale Parameterkonfiguration wird gespeichert und ausgegeben. So wird aus dem *Learner*, der Funktion ohne fixe Parameterwerte, das finale *Modell*. Modelle sind also das Ergebnis eines auf Daten angewandten (trainierten) Algorithmus, und zwar inklusive der Prozesse, welche für die Vorhersagen von Daten genutzt werden.

Das oben beschriebene Prinzip ist auf alle Modellklassen übertragbar, weshalb auch flexiblere Learner wie baumbasierte Modelle oder artifizielle neuronale Netzwerke als Repräsentation eingesetzt werden können. Genauso können die Evaluations- und die Optimierungsvorschrift frei gewählt werden. Im Fall von Kategorisierungsmodellen werden typischerweise die *Accuracy* (deutsch: *Genauigkeit*) der Kategorisierung oder die *Area under the curve* (deutsch: *Fläche unter*

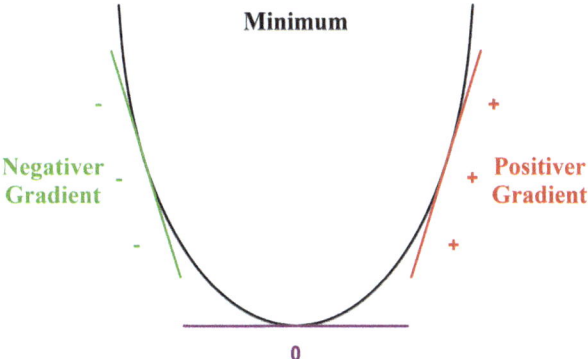

Abb. 2.1 Visualisierung von Gradienten einer quadratischen Funktion in einem eindimensionalen Feature-Space. Je steiler der Gradient an einem Punkt ist, desto steiler ist die Funktion. Ein Gradient mit einer Steigung von 0 bedeutet, dass an dieser Stelle ein Minimum oder ein Maximum der Funktion ist. *Abb. selbst erstellt*

der Kurve; AUC) als Diskrepanzfunktion gewählt. Der Prozess der Repräsentation, Evaluation und Optimierung bleibt in allen Fällen identisch.

2.2 Empirischer Loss

Die Evaluation der Vorhersagegüte wird durch die Berechnung der Verlustfunktion definiert. Diese Verlustfunktion kann flexibel gewählt werden, sofern sie mit dem Skalenniveau der Target-Variable (kategorial oder numerisch) kompatibel ist. Wie beschrieben ist der MSE eine häufig gewählte Größe zur Bestimmung des Loss. Bei kategorialen Variablen wird oft die *Binary Crossentropy* genutzt, allerdings sind auch hier eine Vielzahl an Loss-Funktionen möglich. Im elektronischen Appendix findet sich eine Übersicht häufig genutzter Loss-Funktionen für kategoriale und numerische Target-Variablen.

Der empirische Loss kann für die Trainings- sowie für die Testdaten berechnet werden (und dies geschieht in der Regel auch). Da das Ziel von ML die Vorhersage von neuen Daten ist, wird die Modellgüte meist am Loss bei den Testdaten gemessen.[1] Dies gilt es in Kontrast zur Inferenzstatistik zu betonen, da bei klassischen linearen Regressionsmodellen typischerweise R^2 für das Trainingssample angegeben wird, welches einen an der Varianz normalisierten Gegenpol des MSE darstellt. Dies ist ein weiteres Beispiel für den Fokus auf die Vorhersage bei ML: Wenn die Wahrscheinlichkeit für den Abbruch des Mathematikstudiums nach dem ersten Semester mit einem Modell vorhergesagt werden soll, ist relevant, wie gut das Modell das Risiko des Studienabbruchs bei zukünftigen Studierenden prädiziert. Jene Studierenden, deren Features und Schicksal (d. h., Studienabbruch oder kein Studienabbruch) für das Training verwendet wurden, haben ja bereits abgebrochen oder weiterstudiert.

Die Differenz zwischen dem Loss im Trainingsset und dem Loss im Testset kann groß sein (Gründe hierfür werden im Abschn. 2.3 ausgeführt). Ist der Loss im Testset deutlich höher, weist dies auf einen Overfit des Modells an die Trainingsdaten hin. Ist der Loss im Trainingsset höher, hat das Modell wahrscheinlich nicht gut gelernt und es besteht ein Underfit (oder die Features sind schlicht nicht prädiktiv). Ein höherer Loss im Training als im Test ist allerdings unwahrscheinlich, da das Training ja auf der Anpassung an die Trainingsdaten basiert. Tritt dies nicht ein,

---

[1] Es gibt jedoch gute Gründe, den Loss der Trainingsdaten zu beachten. Beispielsweise kann der Trainingsprozess am Loss des Trainings zu jeder Iteration abgebildet werden. Außerdem gibt der Loss bei den Trainingsdaten Hinweise auf einen Overfit des Modells.

sollte das Modell Trainings- und Testdaten im Schnitt gleichermaßen (schlecht oder gut) vorhersagen. Allerdings würde selbst bei einem linearen Modell und nichtprädiktiven Features die Konstante das arithmetische Mittel der Trainingsdaten vorhersagen, während alle anderen Regressionsgewichte auf einen Wert nahe Null minimiert würden. Da das Testset höchstwahrscheinlich ein anderes arithmetisches Mittel hat, fällt R^2 für das Testset in diesem Fall paradoxerweise negativ aus. Hieraus wird deutlich, dass die Beschreibung von R^2 als erklärte Varianz lediglich für das Trainingsset gilt. Ohne Testset ist die „Prädiktivität" von Modellen also – etwas überspitzt formuliert – eigentlich eine „Postdiktivität" bzw. ein „vaticinium ex eventu".

Zusätzlich zur eigentlichen Loss-Funktion können weitere relevante Werte evaluiert werden. So ist bei kategorialen Daten die Genauigkeit der Vorhersage von Kategorien häufig von Interesse. Diese wird beispielsweise über die *Accuracy*, den *Categorization error* oder die *AUC* bei einer *Receiver-operating-characteristic curve* (*ROC-curve*) quantifiziert. Diese Maße sind im elektronischen Appendix aufgeführt.

2.3 Bias und Variance

Die Idee, die Genese von Daten als ein Zusammenspiel verschiedener Quellen zu verstehen, wird häufig zur wissenschaftlichen Theoriebildung genutzt. In der Chemie ist beispielsweise die gemessene Reaktionsgeschwindigkeit abhängig von Temperatur, Oberfläche, Druck und weiteren Variablen. Ein der Statistik noch näheres und sehr grundlegendes Beispiel ist die Unterteilung von Daten in *Signal* und *Noise* (deutsch: *Signal* und *Rauschen*). Diese Unterteilung ist schon aus der Klassischen Testtheorie (*KTT;* siehe Bühner, 2011) bekannt, indem die Varianz der Messwerte in die Varianz wahrer Werte und die Varianz der Fehler unterteilt wird: $Var(X) = Var(\tau) + Var(\epsilon)$, mit X = Messwert, τ = wahrer Wert, ϵ = Fehler und $r_{\tau,\epsilon} = 0$, also der Unabhängigkeit von wahrem Wert und Fehler, der durch die – niemals perfekte – Messung einer Fähigkeit durch einen Test entsteht. Der Fehler, welcher in der KTT axiomatisch definiert ist, wird im ML-Kontext typischerweise als *Loss* bezeichnet.[2] Dies liegt unter anderem daran, dass ein ML-

---

[2] Der aus der Inferenzstatistik bekannte Begriff zur Abweichung der Daten von den modellimplizierten Werten wird im Rahmen von ML manchmal anders bezeichnet. Je nach Kontext wird typischerweise einer der vier Begriffe „Error", „(empirical) Risk", „Cost" oder „Loss" genutzt. Auch wenn die Verwendung nicht immer einheitlich ist, so bezieht sich der Loss oft auf einen einzelnen Datenpunkt und Cost auf den gesamten Datensatz. Der Error beschreibt wiederum zumeist eine spezifische mathematische Definition eines

Modell nicht als „wahres" Modell angesehen wird, sondern nur als Approximation an die wahre Daten generierende Funktion. Um diesen Unterschied deutlich zu machen, ist es sinnvoll, sich zunächst mit der Dekomposition des Loss und dessen einzelnen Bestandteilen vertraut zu machen.

Im Rahmen von ML wird der Loss in drei Komponenten zerlegt: *Bias* (deutsch: *Verzerrung*), *Variance* (deutsch: *Varianz*) und *Noise* (deutsch: *Rauschen*). Die drei Komponenten sind im ML-Kontext also wie folgt zu verstehen:

- **Bias**: Der Bias stellt die modellinduzierte Differenz zwischen der Vorhersage und den wahren Werten dar. Sie wird durch Modellrestriktionen im Hypothesenraum induziert (wie bei einem linearen Modell), in dem nur lineare Zusammenhänge vom Modell vorhergesagt werden können. Nicht-Linearität in den Daten führt zu Abweichungen von den vorhergesagten Werten, die durch den Modellbias entstehen.
- **Variance**: Durch die multiplen Trainingsdurchläufe werden für jeden Datenpunkt mehrere Vorhersagen gemacht (siehe Abschn. 2.4). Die Variabilität dieser Vorhersagen definiert die Variance des Modells. Wenn das Modell sich sehr stark an den Trainingsdaten orientiert, sind die Vorhersagen für die Testdaten typischerweise relativ ungenau (und komplex) und die Modelle, die aus den verschiedenen Trainingsdurchläufen resultieren, sehr unterschiedlich, die Variance also groß. Wichtig ist, dass diese Form der Varianz die Variabilität zwischen Modellen beschreibt und von der Varianz der Datenpunkte strikt zu unterscheiden ist.
- **Noise**: Noise ist der Teil des Fehlers, welcher durch die Abweichungen der Zufallsdaten von der wahren Daten generierenden Funktion entsteht. Alle in der Zufallsstichprobe existierenden Datenpunkte unterliegen diesem Rauschen, unabhängig von der Form der Daten generierenden Funktion. Noise ist also nicht durch Modellanpassungen oder den Lernprozess reduzierbar.

Für die Dekomposition des Fehlers in Bias, Variance und Noise wurden verschiedene mathematische und theoretische Ansätze vorgeschlagen, welche sich zwar unterscheiden, allerdings alle den in diesem Kapitel beschriebenen Grund-

---

Fehlers wie den *Mean Squared Error* (MSE), also die mittlere quadratische Abweichung der vorhergesagten Werte von den wahren Werten. Das Risk bezeichnet den erwarteten Loss, der allerdings normalerweise unbekannt ist. Aus diesem Grund wird das empirical Risk berechnet, welches der erwartete beziehungsweise durchschnittliche Loss ist. In diesem Buch werden die im ML-Kontext gebräuchlichen Begriffe „Loss" und „(empirical) Risk" verwendet.

2.3 Bias und Variance

gedanken gemein haben. Diesem folgend beschreibt Domingos (2000) eine vereinheitlichte Theorie mit Bezug zu verschiedenen ML-Algorithmen.

Während die Noise unabhängig von Modell und Lernprozess ist, sind Bias und Variance gegenläufig und können gezielt beeinflusst werden. Der *Tradeoff* (deutsch: *Spannungsfeld*) zwischen beiden liegt darin, dass durch die Erhöhung des Modell-Bias die Varianz verringert werden kann und umgekehrt. Abb. 2.2 illustriert dieses Zusammenspiel. Ziel des Lernprozesses ist es, den „Sweet Spot" zwischen beiden zu finden, sodass sich das Modell weder zu wenig an den Trainingsdaten orientiert noch zu stark an diese anpasst, also einen adäquaten *Fit* (deutsch: *Passung*) auf die Daten zu finden. Wo dieser optimale Punkt liegt, hängt unter anderem von Stichprobengröße und Datenqualität ab. Um dies zu verstehen, ist es sinnvoll, sich mit den Konzepten *Overfit* und *Underfit* auseinanderzusetzen, welche auch in Abb. 2.3 dargestellt sind.

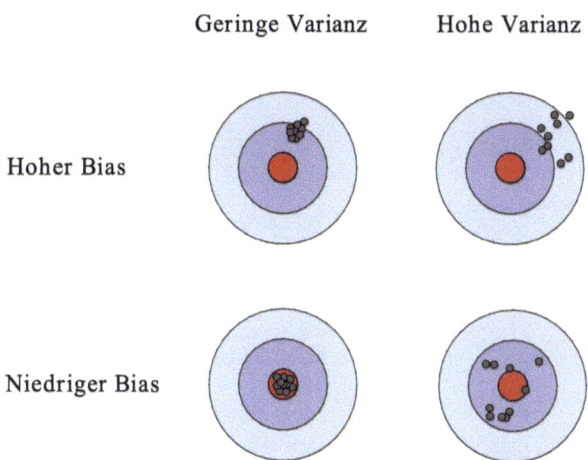

Abb. 2.2 Illustration der Auswirkungen unterschiedlicher Grade an Bias und Variance. Jeder Punkt auf der Zielscheibe stellt eine Modellvorhersage bei einer anderen (Sub-)Stichprobe dar. Die Zielscheibe steht für die Entfernung zur Ground Truth, bei der das Zentrum die perfekte Vorhersage darstellt. Eine hohe Varianz bedeutet, dass sich die Vorhersagen der Modelle stark unterscheiden, eine niedrige Varianz, dass sie sehr ähnlich sind. Je höher der Bias, desto weiter ist der Schwerpunkt der Modelle vom Zentrum der Zielscheibe (also von den wahren Werten) entfernt, je niedriger der Bias, desto näher ist er ihm. *Abb. selbst erstellt*

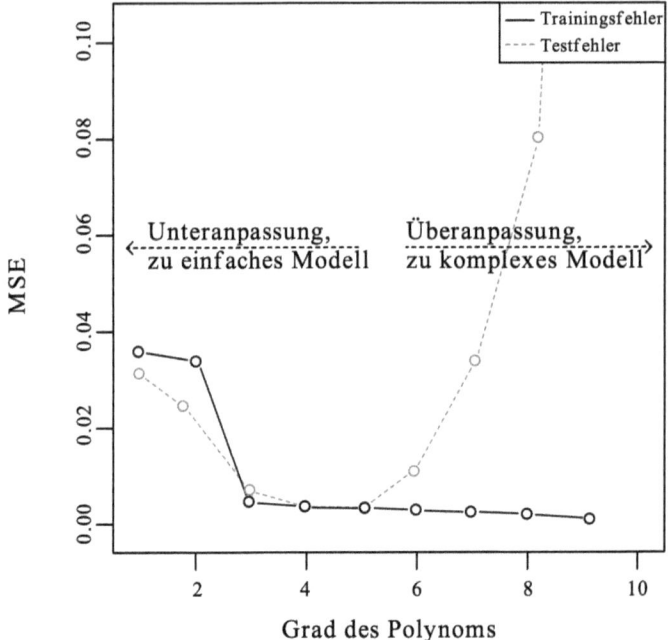

Abb. 2.3 Illustration der Auswirkungen unterschiedlicher Anpassung des Modells an die Trainingsdaten durch die Performanz von Polynomen unterschiedlichen Grades. Der Vorhersagefehler wird hier über die mittlere quadratische Abweichung quantifiziert. Es ist gut erkennbar, dass der Vorhersagefehler für die Trainingsdaten mit steigenden Polynomgrad (also zunehmender Komplexität des Modells) sinkt, für die Testdaten allerdings ab einem Grad von 6 exponentiell steigt. *Abb. selbst erstellt in Anlehnung an Hilbert et al. (2021)*

- **Overfit**: Ein ausreichend flexibles Modell kann jeden einzelnen Datenpunkt des Trainingssamples perfekt oder nahezu perfekt vorhersagen. Das Problem an dieser genauen Vorhersage ist, dass die Funktion auch die Spezifika dieser Trainingsstichprobe modelliert, also die Noise in den Daten. Durch die Modellierung der Stichprobenspezifika leidet die Generalisierbarkeit des Modells auf neue Daten, da diese andere Spezifika aufweisen. Somit hat das Modell durch den Overfit an die Trainingsdaten nicht nur die Daten generierende Funktion erlernt, sondern eben auch den Stichprobenfehler, welcher nicht zur Vorhersage neuer Daten beiträgt.

  Wenn wir beispielsweise in einer Trainingsstichprobe Mathematiknoten durch die Lernzeit vorhersagen, so wird diese Vorhersage zwar zu einem

2.3 Bias und Variance

gewissen Grad funktionieren, doch nicht jegliche Variation in den Abschlussnoten hängt von der Lernzeit ab. So brauchen manche Personen länger als andere, um die Inhalte zu lernen, einige sind bei der Abschlussklausur müde, wieder andere raten einfach glücklich, wenn sie nicht weiter wissen. Somit ist im Schnitt zwar ein Zusammenhang zwischen Lernzeit und Note vorhanden, allerdings gibt es auch viele weitere Einflussgrößen, die Variation in den Noten erzeugen. Wird ein flexibles Modell auf die perfekte Vorhersage dieser Stichprobendaten trainiert, lernt es die beschriebenen Einflüsse, welche aus Modellperspektive zufällig sind, da nur die Lernzeit in die Vorhersage einfließt. Die Vorhersage der Abschlussnoten durch die Lernzeit mit diesem Modell wird bei einer neuen Stichprobe ungenauer sein als mit einem Modell, welches die Stichprobenspezifika nicht mitmodelliert.

- **Underfit**: Die Vereinfachung in der Beschreibung von Datenstrukturen ist eines der Ziele statistischer Modelle. Ist diese Vereinfachung jedoch zu stark, so sprechen wir von Underfit. Stellt die Daten generierende Funktion eine exponentielle Steigung dar, so wird diese durch eine lineare Funktion nicht adäquat modelliert. Dies hat zur Folge, dass die Vorhersage der Daten ungenauer sein wird, als bei einem komplexeren Modell, welches die exponentielle Komponente der Daten generierenden Funktion mitmodelliert.

    Der Zusammenhang zwischen Motivation und Leistung hat typischerweise eine umgekehrte U-Form. Wird ein lineares Modell auf Daten dieser Form angepasst, so hat die Regressionsgerade des Modells eine Steigung von $beta \approx 0$. Das Modell ist also zu unflexibel, um den nicht-linearen Zusammenhang zu modellieren. Die Prädiktivität des linearen Modells ist dementsprechend niedrig (bzw. nicht existent). Da die Daten generierende Funktion umgekehrt U-förmig ist, wird sich diese Form auch in neuen Datensätzen wiederfinden und durch das lineare Modell inadäquat vorhergesagt. Bei diesem Beispiel ist das lineare Modell nicht nur für die Vorhersage neuer Daten ungeeignet, sondern auch für die Trainingsstichprobe unpassend, da eine Regressionsgerade ohne Steigung nicht prädiktiver als ein sparsameres konstantes Modell ist. Eine Vorhersage ohne Features (typischerweise einfach das arithmetische Mittel des Targets) würde aufgrund seiner Sparsamkeit wahrscheinlich mit geringerem Loss einhergehen.

Um ein Modell mit möglichst hoher Prädiktivität für neue Daten zu finden, ist es also wichtig, sowohl Under- als auch Overfit zu vermeiden. Wie im nächsten Abschn. 2.4 beschrieben orientiert sich die Wahl des Learners – und damit auch seiner Komplexität – an der Performanz in den Testdaten, nicht an jener in den Trainingsdaten. Die Generalisierbarkeit des Learners wird also nicht –

wie typischerweise in der Inferenzstatistik – einfach theoretisch angenommen, sondern empirisch überprüft. Aus diesem Grund können Modelle unterschiedlicher Komplexität getestet und die Schätzungen des Generalisierungsfehlers verglichen werden.

Ein wichtiger Einflussfaktor auf den Zusammenhang von Modellkomplexität und -performanz ist die Stichprobengröße. Bei kleineren Stichproben performen komplexe Modelle häufig schlechter, da sie vor allem den Stichprobenfehler modellieren: Das Verhältnis zwischen Signal und Noise in den Daten ist also stark in Richtung der Noise verlagert. In diesen Fällen sind Modelle mit stärkerem Bias meist die passendere Wahl. Die Logik hinter diesem Zusammenhang ist, dass es in Abwesenheit vieler empirischer Anhaltspunkte hilfreich sein kann, mehr Gewicht auf theoretische Annahmen zu legen. Mit steigender Stichprobengröße ist es dann informativer, die Daten sprechen zu lassen und sich stärker an ihnen zu orientieren. Abb. 2.4 illustriert das Zusammenspiel von Bias und Stichprobengröße hinsichtlich der Generalisierbarkeit: Bei kleinen Stichproben kann ein starker Bias

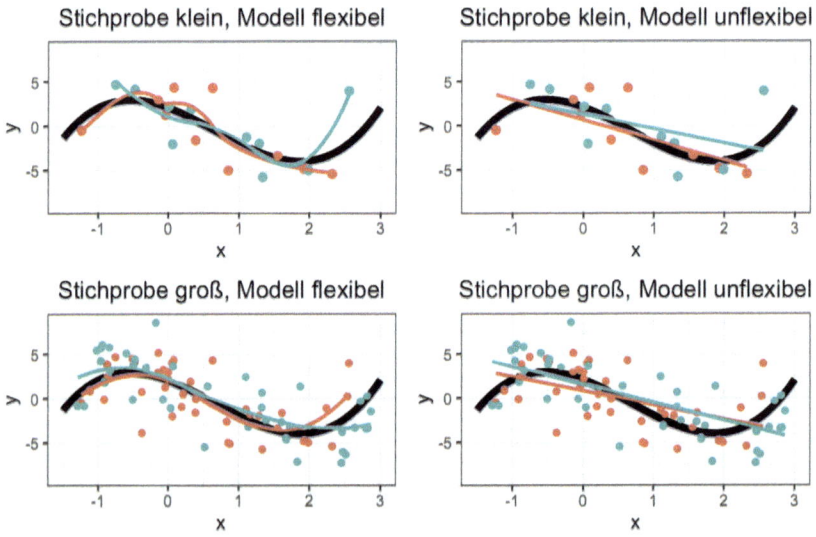

Abb. 2.4 Auswirkungen der Stichprobengröße auf die Generalisierbarkeit von Modellen mit hohem und niedrigem Bias. Die breite schwarze Kurve steht für die Daten generierende Funktion. Punkte unterschiedlicher Farbe stehen für unterschiedliche Stichproben, Punkte derselben Farbe stehen für Datenpunkte derselben Stichprobe. Die aus den unterschiedlichen Modellen resultierenden Funktionen sind durch unterschiedliche Farben gekennzeichnet, wobei die Kurvenfarbe mit der Farbe der Datenpunkte der jeweiligen Stichprobe korrespondiert. Die rechten beiden Koordinatensysteme beinhalten lineare Modelle, die linken beiden flexible Modelle, sogenannte *Splines*. *Abb. selbst erstellt mit der Software R*

nicht nur für geringere Varianz sorgen, sondern auch die Abweichung des Modells von der Daten generierenden Funktion verhindern. Sehr flexible Modelle haben bei geringen Stichprobengrößen nicht nur eine große Varianz, sondern auch eine stark unterschiedliche Form zu eben jener Daten generierenden Funktion. Bei großen Stichproben ist die Varianz der Modelle vergleichsweise gering, allerdings passen sich flexiblere Modelle genauer an komplexe Daten generierende Funktionen an.

Auch dies macht die Notwendigkeit der Fokussierung von ML auf die Vorhersage von Werten deutlich, die nicht zum Training des Modells genommen wurden (*out-of-sample prediction*). Bei inferenzstatistischen Ansätzen ist klassischerweise die Maximierung des Modellfits an die Daten das übergeordnete Ziel. Da hier üblicherweise nicht zwischen Test- und Trainingsset unterschieden wird, dient der Fit an das Trainingssample als einziger Anhaltspunkt für das resultierende Modell. Bei einem linearen Regressionsmodell ist dies R^2, also die erklärte Varianz der „Trainingsstichprobe". Da ein lineares Modell einen starken Bias aufweist, ist die Verallgemeinerung hier nicht ganz so eingeschränkt wie bei einem flexibleren Modell, insbesondere wenn die Stichprobengröße gering ist.

2.4 Resampling

Ein Problem der Aufteilung in Trainings- und Testset ist, dass so die Stichprobe, mit der das Modell trainiert wird, schrumpft. Allerdings ist diese Aufteilung für die Schätzung des Generalisierungsfehlers zwingend notwendig. Eines der Hauptmerkmale von ML ist sogenanntes *Resampling*. Es beschreibt die Unterteilung des Datensatzes in mehrere Unterdatensätze zu Training und Testung des Learners, um das optimale Modell zu finden. Hierbei wird der Generalisierungsfehler geschätzt, indem der Datensatz in Trainings- und Testset unterteilt wird. Die Logik dieser Unterteilung ist, dass ein Learner an der Trainingsstichprobe trainiert und das aus dem Training resultierende Modell an der Teststichprobe auf seine Prädiktivität getestet wird. Der Vorhersagefehler des Modells für die Teststichprobe dient als Schätzung des Generalisierungsfehlers.

In der einfachsten Form, einer Unterteilung in Trainings- und Testset, wird das Trainingsset typischerweise größer als das Testset gewählt, um das Training auf möglichst vielen Daten durchzuführen und so ein prädiktives Modell zu erhalten. Gängige Konventionen sind, $\frac{2}{3}$ oder $\frac{3}{4}$ des Datensatzes als Trainingssample zu verwenden und dementsprechend $\frac{1}{3}$ oder $\frac{1}{4}$ als Testsample. Theoretisch sind allerdings jegliche (echte) Teilmengen als Test- und Trainingssample möglich. Das adäquate Größenverhältnis von Trainings- und Teststichprobe hängt von vielen

Faktoren, unter anderem dem eingesetzten Learner, der Stichprobengröße und der Anzahl der Features ab und muss für jeden Einzelfall entschieden werden.

Beim Training werden die Parameter des Learners so adaptiert, dass sie die Label des Targets in der Trainingsstichprobe durch die Werte der Features vorhersagen (ebenfalls in der Trainingsstichprobe; siehe Kap. 4). Die dadurch festgelegten Parameterwerte definieren das Modell. Wenn beispielsweise bei einer Regression die Regressionsgewichte durch das Training festgelegt sind, sodass die Target-Labels des Trainingssamples mit adäquater Genauigkeit vorhergesagt werden, wird das Modell mit exakt dieser Parameterkonfiguration auf Performanz am Testsample geprüft und die Vorhersagegenauigkeit quantifiziert. Über die Brauchbarkeit des Modells wird auf Basis der Performanz mit dem Testsample entschieden, nicht auf Basis der Performanz am Trainingssample.

Durch die Unterteilung in Trainings- und Testdaten verstärkt sich das grundlegende Problem der beschränkten Stichprobengröße. Die zur Modellschätzung zur Verfügung stehende Stichprobe wird kleiner. Um trotz der Unterteilung in Trainings- und Testsets die vorhandene Gesamtstichprobe maximal effizient zu nutzen, wird beim ML eine ökonomische Technik zum „Recycling" der so entstehenden Unterstichproben genutzt: *Resampling*. Beim diesem Prozess wird der Datensatz in Substichproben geteilt, welche jeweils sowohl dem Trainings- als auch als Testprozess dienen. Ein aus der klassischen Inferenzstatistik bekanntes Vorgehen ist die Kreuzvalidierung. Sie ist die am häufigsten genutzte Form der Modellevaluation im ML und in Abb. 2.5 grafisch illustriert.

Bei der Kreuzvalidierung wird der Datensatz in k disjunkte Substichproben geteilt, sogenannte *Folds* (deutsch: *Falten* oder *Falze*). Jedes Fold wird einmal

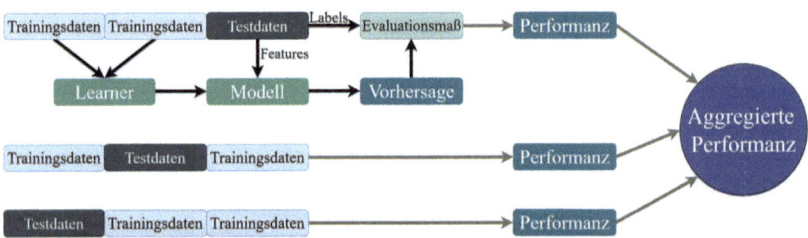

Abb. 2.5 Beispiel einer Kreuzvalidierung mit $k = 3$ Folds. Der Datensatz wird in drei gleich große, disjunkte Teilstichproben zerlegt. Der Prozess des Modellfittings und der Modellevaluation wird drei Mal durchgeführt, jeweils mit einer der drei Teilstichproben als Testset und den beiden anderen zusammengenommen als Trainingsset. Anschließend wird die Performanz der drei Modelle aggregiert. *Abb. selbst erstellt in Anlehnung an Hilbert et al. (2021)*

als Teststichprobe verwendet, sodass k gleichzeitig für die Anzahl der Durchläufe (auch *Stichprobeniterationen* genannt) beim Modelltraining steht. Bei jeder dieser Iterationen werden also ein Fold k als Teststichprobe verwendet und die übrigen $k - 1$ Folds zur Trainingsstichprobe zusammengefasst. Für den Fall von $k = 10$ werden somit in zehn Iterationen immer 10 % des Datensatzes als Teststichprobe für ein Modell genutzt, welches an den restlichen 90 % des Datensatzes trainiert wurde. Hierbei wird jede Beobachtung also genau ein Mal zur Modelltestung und neun Mal zum Training genutzt.

Mit $k = 10$ Folds, einer zehnfachen Kreuzvalidierung, entstehen zehn Modelle aus einem Learner. Jedes dieser Modelle wird hinsichtlich seiner Performanz beim jeweiligen Testset evaluiert: Der Generalisierungsfehler bei der Vorhersage jener 10 % Daten, welche nicht für das Training verwendet wurden, wird für jedes Modell geschätzt. Nachdem alle Iterationen abgeschlossen und zehn Modelle mit zehn Schätzungen des Generalisierungsfehlers entstanden sind, werden die Schätzungen des Generalisierungsfehlers typischerweise aggregiert (z. B. durch Mittelwertbildung), um einen singulären Kennwert für die Modellperformanz zu erhalten.

Allerdings ist nicht nur die aggregierte Modellperformanz von Interesse, sondern auch die Variabilität der Modelle zwischen den einzelnen Folds (siehe Abschn. 2.3). Bei Performanzvergleichen verschiedener Learner sollte diese Variabilität einbezogen werden. Für einen schnellen Überblick eignen sich Boxplots, die sowohl zentrale Tendenzen als auch Dispersionen der Schätzungen des Generalisierungsfehlers anschaulich und sparsam darstellen (siehe Abb. 2.6). In der Abbildung ist zu erkennen, dass sich die Modelle sowohl in ihrer Median-Performanz als auch in ihrer Variabilität innerhalb der $k = 10$ Durchgänge der Kreuzvalidierung unterscheiden. Typischerweise wird zur Orientierung als „Benchmark" neben den getesteten ML Learnern zusätzlich ein sogenannter *Featureless Learner* trainiert. Dieser nutzt, wie der Name bereits verrät, keine Features zur Vorhersage und sagt daher schlicht das arithmetische Mittel (bei numerischem Target) oder die häufigste Kategorie (bei kategorialem Target) vorher.

2.4.1 Stratifiziertes Resampling

Die Aufteilung von Stichproben in Test- und Teilstichproben auf Basis von Zufallsziehungen kann zu einer unerwünschten Unausgeglichenheit von relevanten Stichprobeneigenschaften führen. Potenziell relevante Eigenschaften der Stichprobe wie Geschlecht, Schultyp oder Beruf können als *Klassenvariable* modelliert werden. Hat eine dieser Klassenvariablen möglicherweise Einfluss auf den Zusammenhang zwischen Features und Target, ist eine *Stratifizierung* der Teilstichproben für das Resampling sinnvoll.

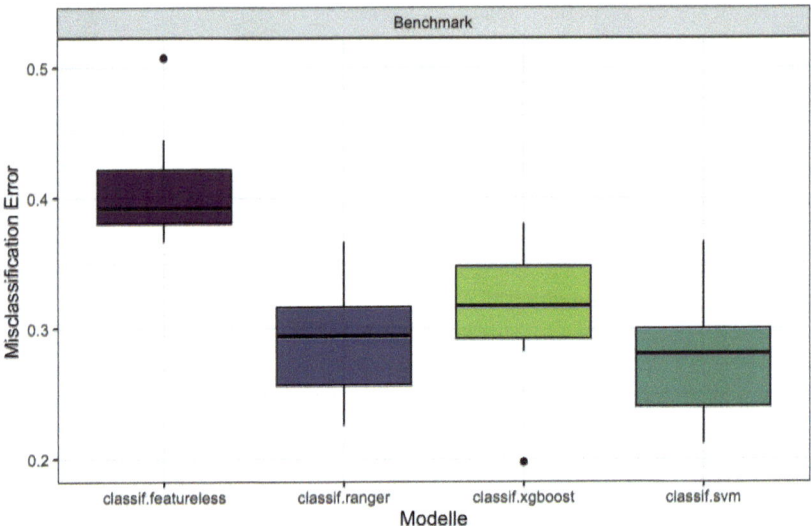

Abb. 2.6 Vergleich der Modellperformanz für $k = 10$ Folds bei einer Kreuzvalidierung durch Boxplots. Verglichen werden ein Featureless Learner, ein Random Forest, Extreme Gradient Boosting und eine Support Vector Machine. Jeder der drei „echten" Learner zeigt einen geringeren Fehler und damit eine bessere Performanz als der Featureless Learner. *Abb. selbst erstellt mit der Software R*

Stratifizierung bedeutet eine Beibehaltung der Verteilung der Ausprägung von Klassenvariablen bei der Ziehung von Substichproben, sodass das Verhältnis der Variablenausprägung in allen Substichproben jener der Gesamtstichprobe entspricht. Wäre die Verteilung von drei Schultypen in der Gesamtstichprobe beispielsweise $\frac{1}{4}$ Gymnasium und $\frac{3}{4}$ Grundschule, so würde diese Verteilung bei Stratifizierung auch in den Teilstichproben gewahrt. Es würden also aus den beiden Klassen jeweils für jede der k Teilstichproben eine Zufallsauswahl der Fälle gezogen: k gleich große Stichproben aus Gymnasiastinnen und Gymnasiasten und k gleich große Teilstichproben aus Grundschulkindern, welche dann zu den k stratifizierten Teilstichproben zusammengefügt würden.

Auch bei zeitlichen oder räumlichen Strukturen in den Daten ist stratifiziertes Resampling empfehlenswert, damit diese Strukturen während des Resampling-Prozesses erhalten bleiben. Soll beispielsweise die Leistung in der letzten Woche eines Statistik-Workshops durch die Leistung in den ersten beiden Wochen (sowie weiteren Features) vorhergesagt werden, so ist es sinnvoll, die Aufteilung der Werte hinsichtlich der Testzeitpunkte beizubehalten, um die zeitliche Komponente adäquat in die Vorhersage einzubeziehen, also das gleiche Verhältnis von Messzeitpunkten zu den unterschiedlichen Teilstichproben zu erhalten.

2.4.2 Nested Resampling

Neben den Parametern eines Learners existieren sogenannte *Hyperparameter*, welche bei ML eine wichtige Rolle spielen. Hyperparameter sind learner-spezifisch und definieren, welche Parameter während des Lernprozesses trainiert werden. Ein Beispiel für Hyperparameter ist die Anzahl der Bäume in einem Random Forest. Da Hyperparamter die Parameter bestimmen, die während des Resamplings trainiert werden, können sie selbst nicht innerhalb dieses Prozesses trainiert werden. Das Anpassen der Hyperparameter wird *Tuning* genannt.

Für das Tuning muss das einfache Resampling zum *nested Resampling* (deutsch: *geschachteltes Resampling*) erweitert werden. Das Nesting erfolgt durch eine zweite äußere Resampling-Schleife, welche die erste innere Schleife einbezieht. In dieser zweiten Schleife werden unterschiedliche Konstellationen der Hyperparameter von Modellen kombiniert und dann in die innere Schleife zur Performanzevaluation eingespeist. Der Durchlauf dieser zusätzlichen Schleife wird *Tuning* der Hyperparameter genannt und im Abschn. 4.1 ausführlicher beschrieben. Geschachteltes Resampling besteht also aus (mindestens) zwei Schleifen: der äußeren und der inneren Schleife, auch *Inner-* und *Outer-Loop* genannt.

Die äußere Schleife für das Hyperparametertuning ist notwendig, da die wiederholte Evaluation der Hyperparameter-Konfigurationen in derselben Substichprobe der Kreuzvalidierung eine zu optimistische Schätzung der Modellperformanz zur Folge hätte. Durch die zusätzliche Schleife wird der Prozess des Hyperparametertunings von der Modellevaluation separiert: Der äußere Resampling-Loop wird genutzt, um ein Testset zu schaffen, das nur für die finale Modellevaluation nach dem Tuning verwendet wird. Der Rest des Datensatzes dient in der äußeren Schleife als äußeres Trainingsset. Dieses äußere Trainingsset wird wiederum in ein inneres Trainings- und ein inneres Testset unterteilt. Im inneren Trainingsset werden die Learner mit unterschiedlichen Hyperparameterkonfigurationen trainiert. Die Performanz der so entstehenden Modelle werden am inneren Testset evaluiert.

Ebenso wie das einfache Resampling, kann Nested Resampling zu einer *Nested Crossvalidation* (deutsch: *geschachtelte Kreuzvalidierung*) erweitert werden (siehe Simon, 2007). Hierbei wird sowohl in der inneren als auch in der äußeren Schleife statt einer einfachen Unterteilung der Stichprobe in Trainings- und Testset eine vollständige Kreuzvalidierung durchgeführt. Abb. 2.7 zeigt die Separationstechnik der Daten in zwei Lernschleifen für die geschachtelte Kreuzvalidierung.

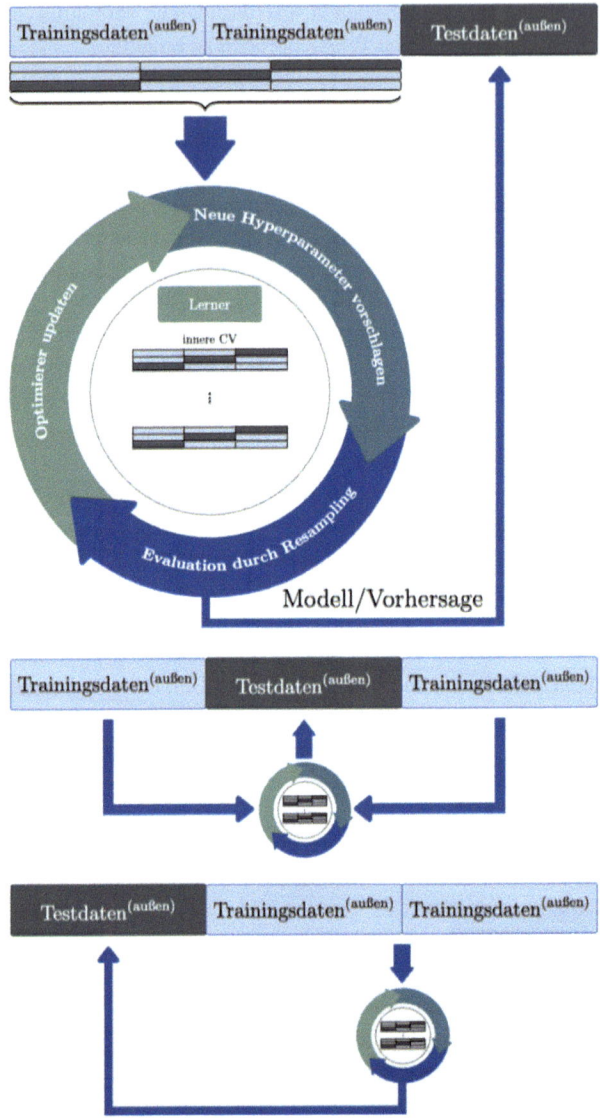

Abb. 2.7 Geschachtelte Kreuzvalidierung: Aufteilung des Datensatzes in eine innere und eine äußere Lernschleife. Die innere Lernschleife dient der Performanzevaluation, die äußere dem Parametertuning. *Abb. selbst erstellt in Anlehnung an Hilbert et al. (2021)*

Preprocessing 3

Obgleich es unzählige Quellen von Rohdaten gibt, werden diese selten ohne vorherige Verarbeitung, dem sogenannten *Preprocessing*, analysiert. Vielmehr ist der Vorgang des Preprocessings wie auch bei klassischen inferenzstatistischen Verfahren ein typischer Teil der Analysekette, der zielgerichtetes Schätzen, Lernen, Optimieren und die Interpretation der Ergebnisse unterstützt oder in manchen Fällen erst ermöglicht.

Grundsätzlich können Variablen in jeder numerischen oder kategorialen Form kodiert sein, jedoch sind sie nicht in jeder Form gleich wertvoll für eine akkurate Vorhersage und sinnvoll interpretierbar. Aus diesem Grund ist das Preprocessing der Daten ein wichtiger Bestandteil von ML, um den Lernvorgang ökonomisch und die Ergebnisse verwertbar zu machen. Preprocessing ist ebenfalls notwendig, um Variablen, die in Rohform nicht informativ sind, informativ zu machen. Häufig müssen beispielsweise Variablen in Textform in numerische oder kategoriale Werte umkodiert werden. Auch Variablen mit Zeitangaben müssen normalerweise in ein sinnvoll interpretierbares Format gebracht werden. Gerade bei der Analyse von Logdaten wie von Lernplattformen, Sensoren oder Inhalten sozialer Medien (siehe Abschn. 1.2.2) werden zumeist sogenannte „Timestamps" (also Zeitpunkte der Erstellung) für jeden Datenpunkt angegeben, welche in eine vom Learner verwertbare Form gebracht werden müssen. Soll zum Beispiel die Dauer analysiert werden, wie lange ein Video angesehen wurde, muss der Timestamp des Events „Videostart" vom Timestamp des Events „Videostopp" abgezogen werden, um ein sinnvoll nutzbares Feature zu generieren.

Auch psychometrische Messinstrumente müssen fast immer aufbereitet werden, um aus Werten einzelner Items Skalenwerte zu berechnen oder latente Faktorwerte zu schätzen. So gehen einzelne Fragen eines Fragebogens oder Aufgaben eines

Leistungstests selten selbst in die Analyse ein. Stattdessen wird ein Summen- oder eben Faktorwert für jede Skala errechnet. Eine umfangreiche Zusammenfassung sinnvoller Preprocessing-Schritte für eine Vielzahl von Anwendungen findet sich in Kuhn et al. (2013).

3.1 Typische Preprocessing Schritte

Ein guter Ausgangspunkt für Überlegungen bezüglich des Preprocessings ist eine grafische Aufbereitung der Variablen. Eine solche kann mithilfe von Histogrammen und Balken- oder Säulendiagrammen gut durchgeführt werden; auch Boxplots sind in dieser Hinsicht informativ, da sie eine anschauliche Übersicht von zentraler Tendenz, Dispersion und Ausreißern – auch parallel für mehrere Variablen – bieten. Neben univariaten Grafiken sind außerdem zweidimensionale Streudiagramme oder Heatmaps hilfreiche Visualisierungen.

Zusätzlich zu Verteilungsaspekten werden durch die grafische Aufbereitung auch unplausible Werte erkennbar. So können beispielsweise negative IQ-Werte, wie sie bei einer Kodierung von fehlenden Werten als -77 oder -99 vorkommen, direkt identifiziert werden. Bei händischer Eingabe von Testergebnissen können ebenfalls leicht Ausreißer entstehen, die bei grafischer Inspektion direkt auffallen. Generell ist eine Überprüfung der Werte auf realistische Ausprägung sehr empfehlenswert, die gegebenenfalls durch Teilautomatisierung (beispielsweise die Ausgabe aller Variablen mit negativen Werten oder Werten über oder unter einem spezifizierten Cutoff) oder zumindest stichprobenartig erfolgen kann, soweit dies die Größe des Datensatzes zulässt. Die grafische Aufbereitung dient allerdings nur der Erkennung von potenziell problematischen Werten oder Wertebereichen. Möglichkeiten zum Umgang mit diesen werden in den folgenden Abschnitten beschrieben.

3.2 Feature Engineering

Als *Feature Engineering* wird das Anpassen von Variablen im Datensatz bezeichnet. Diese Form der Datenaufbereitung beinhaltet sowohl das Transformieren von Variablen durch mathematische Funktionen (wie beim Zentrieren) als auch das Ersetzen kategorialer Ausprägungen durch numerische, das einheitliche Kodieren fehlender Werte oder das Entfernen von Ausreißern.

Eine häufige Maßnahme der Datenaufbereitung ist die Anwendung von Funktionen wie eine Normalisierung per *Min-Max-*, die *z-*, die *Log-* oder auch die

Box-Cox-Transformationen (Osborne, 2010).[1] In einigen Fällen kann es sinnvoll sein, Ausreißer auf einen maximalen Wert, zum Beispiel zwei Standardfehler vom arithmetischen Mittel oder nach dem *Spatial Sign*-Verfahren (Serneels et al., 2006), zu stutzen. Da die Optimierung der Modelle im ML-Kontext iterativ verläuft, ist es grundsätzlich empfehlenswert, die Skalierung der Variablen halbwegs einheitlich zu halten und diese falls notwendig durch Variablentransformation zu gewährleisten. Es ist jedoch hierbei zu beachten, dass die Skalierung der Variablen die Interpretation der Werte ändert. So können beispielsweise bei einer z-Transformation auch Vorzeichen von Werten umgekehrt werden.

Bei Skalen aus psychometrischen Instrumenten wie Leistungs- oder Persönlichkeitstests ist es – wie eingangs erwähnt – häufig sinnvoll, Summen- oder Faktorwerte latenter Variablen zu bilden. Wenn diese in die Analyse eingehen, sollten die einzelnen Items, die zur Berechnung der Gesamtwerte genutzt wurden, aus dem Datensatz entfernt werden. Ob Summen- oder Faktorwerte die prädiktiveren Features sind, kann variieren. So sind Faktorwerte zwar durch Gewichtung der individuellen Items feinere Indikatoren einer latenten Variable, allerdings im Vergleich zu Summenwerten weniger robust, was insbesondere bei geringen Stichprobengrößen ins Gewicht fällt (Bühner, 2011). Klassischerweise ist die Bildung von Skalenwerten alternativlos, da aufgrund der inhärent hohen Korrelation von Items eines reflexiven Konstrukts hohe Kollinearitäten zu Schätzproblemen führen können. Allerdings gibt es im ML-Bereich Untersuchungen, die auf mögliche Vorteile der Integration aller Items bei flexibleren Modellen hinweisen (Pargent & Albert-von der Gönna, 2018). Teile dieser Schritte werden in Analysepipelines (siehe Abschn. 3.3) integriert oder stellen einen Teil des *Feature Engineering* (genauer: der *Feature Extraction*; siehe Abschn. 3.2) dar. Dies liegt daran, dass beide – sowohl allgemeines Feature Engineering als auch spezifisches Feature Extraction – nicht auf die Modellierung psychometrischer Messinstrumente beschränkt sind und typischerweise viele weitere Prozesse beinhalten.

3.2.1 Umgang mit fehlenden Werten

Eine weitere häufig im Resampling integrierte Variante des Preprocessings ist die Behandlung von *Missings* (deutsch: *fehlende Werte*). Diesen kann durch listen-

---

[1] Der Umgang mit Transformationen sollte allerdings informiert und durchdacht sein, da die transformierten Daten häufig an Information und Interpretierbarkeit verlieren. Geeignetere nicht-lineare Regressionsmodelle sind Transformationen vorzuziehen, welche die Zusammenhänge linear machen (siehe z. B. O'Hara & Kotze, 2010).

oder fallweisen Ausschluss sowie – auch in Abhängigkeit des Learners – mit dem Einsatz von Ersatzwerten begegnet werden (siehe obiges Beispiel zur Kodierung fehlender Werte mit −999). Fehlende Werte können unterschiedlich kodiert werden, aber es ist zwingend notwendig, eine einheitliche Kodierung im gesamten Datensatz beizubehalten. Sollten beispielsweise manche Missings mit −77, andere mit 999 und wieder andere mit NA kodiert sein, ordnet das Modell sie als unterschiedliche Werte ein. In den meisten Fällen bietet sich die Kodierung mit NA (kurz für das Englische „not applicable" oder „not available", also „nicht zutreffend" oder „nicht verfügbar") an, da dies fast alle (Statistik-)Programme als fehlende Werte interpretieren können. Gegebenenfalls muss dies beim Einlesen angegeben werden, beispielsweise in Form von „missing = NA". Die Kodierung fehlender Werte muss allerdings von der Kodierung für „nicht zutreffend" getrennt werden, falls beide Typen vorhanden sind. „Nicht zutreffend" ist zu kodieren, wenn eine Frage nicht gestellt oder ein Item aufgrund der Antwort auf ein vorheriges Item nicht vorgelegt wurde.

Fehlende Werte können auch imputiert, also durch plausible Werte ersetzt werden. Hierbei ist zwischen drei Arten von *Missings* zu unterscheiden:

1. **Missing completely at random**: Die fehlenden Werte sind unabhängig sowohl von den beobachteten als auch von den fehlenden Werten.
Beispiel: Eine umgekippte Tasse Kaffee macht einige Antworten unleserlich.
2. **Missing at random**: Die fehlenden Werte sind unabhängig von den fehlenden Werten, nicht aber von den beobachteten Werten.
Beispiel: Raucherinnen und Raucher kommen zu spät zum Intelligenztest aus der Pause und bearbeiten daher einige Aufgaben nicht. Ob die Personen rauchen, ist allerdings in einer Variable erfasst. Der Name „missing at random" ist daher etwas fehlleitend. „Conditionally missing" ist ein manchmal diskutierter Begriff, der deutlich passender erscheint.
3. **Missing not at random**: Die fehlenden Werte sind abhängig von den fehlenden Werten.
Beispiel: Es werden Parameter der sportlichen Leistungsfähigkeit gemessen und unsportliche Kinder machen bei einigen Übungen nicht mit.

Unbedenklich ist die Imputation der fehlenden Werte nur im ersten Fall, also bei komplett zufällig fehlenden Daten. Es existiert eine große Menge von möglichen Imputationsverfahren. Diese werden grundsätzlich in zwei Gruppen unterteilt: *einfache* und *multiple Imputation*. Bei einfacher Imputation werden die fehlenden Werte einmal aus den vorhandenen Werten imputiert und der vervollständigte Datensatz für die Analyse verwendet. Bei multipler Imputation werden m

vervollständigte Datensätze aus b zufällig gezogenen Fällen generiert. Mit den m vervollständigten Datensätzen wird im Anschluss jeweils die identische Analyse durchgeführt und werden die jeweiligen Ergebnisse gemittelt. Als Daumenregel wird hierbei empfohlen, dass die Anzahl der imputierten Datensätze mit dem Prozentsatz an fehlenden Werten übereinstimmen sollte (Von Hippel, 2009). In den meisten Fällen ist die multiple Imputation vorzuziehen, allerdings gibt es auch Situationen, in denen die einfache Imputation Vorteile hat. Einen guten, kurzen Überblick geben hier Donders et al. (2006).

3.2.2 Factor Encoding

Kategoriale Variablen sind für manche Learner (z. B. baumbasierte Methoden) leicht zu integrieren und müssen nicht in jedem Fall vorverarbeitet werden. Andere Learner wie Regressionsmethoden können kategoriale Features nicht direkt einbinden. An dieser Stelle wird explizit auf Features eingegangen, da kategoriale beziehungsweise numerische Target Variablen unterschiedliche Learning Tasks definieren (siehe Abschn. 1.1.2). Ein Weg, kategoriale Features für alle typischen Modelle nutzbar zu machen, ist das Umkodieren der Kategorien in numerische Werte. Es gibt unterschiedliche Möglichkeiten, kategoriale Variablen in numerische zu überführen (für eine Übersicht siehe https://www.kaggle.com/code/arashnic/an-overview-of-categorical-encoding-methods). Die wohl häufigste Vorgehensweise ist die *Dummy-* (oder *One-Hot-*)*Kodierung*. Bei dieser Form der Kodierung wird eine Ausprägung der Variable als *Referenzkategorie* gewählt. Für jede der übrigen Kategorien wird eine neue Variable erstellt, in welcher die Ausprägung „1" vergeben wird, falls diese Kategorie gewählt wurde, und die Ausprägung „0", falls nicht. Dies führt dazu, dass die Wahl der Referenzkategorie angezeigt wird, indem bei den Variablen aller anderen Kategorien ausschließlich die Ausprägung „0" steht. Aus diesem Grund braucht die Referenzkategorie auch keine Variable, denn die Information dieser wäre redundant.

Person	Augenfarbe	blau	grün
Person 1	blau	1	0
Person 2	grün	0	1
Person 3	braun	0	0
Person 4	blau	1	0
…	…	…	…
Person n	braun	0	0

Am einfachsten ist die Dummy-Kodierung am Beispiel einer dichotomen Variable zu verstehen, etwa einer, in der die Antwort „ja" oder „nein" in einem Fragebogen eingetragen ist, in Abhängigkeit davon, welche Antwort eine Person auf ein entsprechendes Fragebogenitem gegeben hat. Wird nun die Antwort „nein" als Referenzkategorie gewählt, wird eine neue Variable erstellt, bei der die Antwort „ja" durch den Wert „1" ersetzt wird und die Antwort „nein" mit dem Wert „0". Logischerweise ist keine zweite Variable für die Kategorie „nein" notwendig, da diese ja schon durch die „0" in der ersten Variable angezeigt wird.

Wird nun eine dritte Kategorie, zum Beispiel „vielleicht", hinzugefügt, so wird diese von einer zweiten Dummy-Variable angezeigt. Wenn die Ausprägung „vielleicht" gewählt wurde, so wird diese Variable mit „1" kodiert, wenn nicht, wird sie mit „0" kodiert. Die Ausprägung „nein" wird also dadurch angezeigt, dass sowohl die „ja"- als auch die „vielleicht"-Dummy-Variable mit „0" kodiert sind. Dies ist in der oben abgebildeten Tabelle anhand der Augenfarbe illustriert.

Ein weiterer typischer Fall für Dummy-Kodierungen sind Variablen, welche die Gruppen in experimentellen Studien oder den Messzeitpunkt in einem Prä-Post-Test-Design indizieren. Interaktionen dieser Variablen können dann durch multiplikativ verknüpfte Terme der Dummy-Variablen aufgenommen werden und sind häufig sehr aufschlussreich für die Interpretation der Ergebnisse (siehe Hilbert et al., 2019; Lindl et al., 2020).

3.2.3 Feature Selection

Ein Modell bedeutet immer eine Reduktion von Information. Wird ein Modell an seiner Prädiktivität gemessen, so ist unter zwei gleich prädiktiven Modellen das weniger komplexe bzw. sparsamere vorzuziehen. Dieses Prinzip ist bekannt als „Occam's Razor" (deutsch: *Occams Rasiermesser*). Es bedeutet auch, Features zu entfernen, die keinen Zuwachs an Prädiktivität bieten. Abgesehen von der Eleganz sparsamer Modelle ist das Entfernen nicht-informativer Features eine sinnvolle Maßnahme, um Rauschen in den Daten zu reduzieren, damit Rechenzeit und -leistung zu sparen sowie Overfitting zu vermeiden. Zudem reduziert Feature Selection den „Curse of dimensionality", welcher dafür sorgt, dass die Distanzen von Datenpunkten in hochdimensionalen Räumen schwieriger zu unterscheiden sind (Verleysen & François, 2005).

Ein offensichtlicher Teil der Feature Selection ist das Entfernen typischer nicht-informativer Features wie die Versuchspersonencodes. Auch Angaben wie die Postleitzahl sollten entfernt werden, sofern sie nicht explizit Teil des Modells sein sollen. Weniger offensichtlich ist es, auch prädiktive Features zu entfernen, die nur in der Trainingssituation Information über die Ausprägung der Zielvariable tragen. So sind das Datum oder die Uhrzeit der Messung potenziell informativ, wenn verschiedene Gruppen oder Bedingungen in Clustern gemessen wurden. In anderen Fällen wie einem Modell zur Kreditvergabe, ist das Jahr der Kreditvergabe im Training höchstwahrscheinlich informativ, da es mit der wirtschaftlichen Gesamtsituation zu seiner Zeit zusammenhängt. Allerdings ist es in diesem Fall zur Vorhersage neuer Daten nicht brauchbar, da eben diese Information in Zukunft nicht mehr gilt. Zusätzlich ist es hierzu immer sinnvoll, die Reihenfolge des Datensatzes zu randomisieren, sofern nicht explizit ein stratifiziertes Sample (siehe Abschn. 2.4.1) gewünscht ist.

3.2.4 Filtering

Um eine ausschließlich willkürliche Auswahl beziehungsweise Eliminierung von Features zu vermeiden, sind analytische Methoden zur *Feature Selection* sinnvoll. Eine beliebte Methode wird *Filtering* genannt. Die Methoden des Filterings sind typischerweise regressionsbasiert und bestehen darin, die für die Auswahl berücksichtigten Features als unabhängige Variablen in ein oder mehrere Regressionsmodelle einzufügen und die Target-Variable als abhängige Variable zu modellieren. Die Regressionsparameter der Features indizieren dabei die Wichtigkeit der Variablen für die Vorhersage des Targets unter Kontrolle des Einflusses der anderen Features. Durch die Kontrolle für die übrigen Features erhalten für die Vorhersage redundante Variablen ebenfalls ein niedriges Regressionsgewicht, sodass es möglicherweise angezeigt ist, sie aus dem Datensatz für die Vorhersage zu entfernen.

Die Wahl des geeigneten Regressionsmodells für das Filtering hängt von mehreren Komponenten wie dem Skalenniveau der Variablen und der Form der Regressionsfunktion (z. B. linear oder exponentiell) ab. Eine gute Übersicht geeigneter Regressionsmodelle für unterschiedliche Skalenniveaus findet sich in Fahrmeir et al. (2021). Wichtig zu beachten ist, dass Regressionsmodelle – sofern nicht explizit anders spezifiziert – nur die univariate Prädiktivität der unabhängigen Variablen berücksichtigen. Dies bedeutet, dass keine Interaktionen zwischen Variablen modelliert werden. Sollte also beispielsweise ein Feature nur durch multiplikative Verknüpfung mit einem anderen das Target vorhersagen, so muss dies im Regressionsmodell spezifiziert oder eine entsprechende Variable zuvor durch Multiplikation der jeweiligen Features berechnet werden. Außerdem hängt die Komplexität der von Regressionsmodellen berücksichtigten Zusammenhänge auch bei metrischen abhängigen Variablen von der Art der Regression ab. So berücksichtigt eine lineare Regression nur lineare Zusammenhänge, welche allerdings potenziell wenig mit der Form des Einflusses von (Gruppen von) Features in einem Random Forest zu tun haben.

Da Filtering unter anderem durch die Wahl der Regressionsmodelle, die mögliche Modellierung von Interaktionen und auch dem zuvor betriebenen Feature Engineering einige Freiheitsgrade besitzt, kann die resultierende Menge an Features zwischen verschiedenen Setups stark variieren. Zudem ist auch das „beste" Set an Features nicht für alle Learner identisch. Aus diesem Grund ist es ratsam, den Filtering-Prozess in eine Analysepipeline einzubinden, wie in Abschn. 3.3 beschrieben wird.

3.2.5 Feature Extraction

Feature Extraction beschreibt die Gewinnung neuer Features durch Kombination vorhandener Features (und somit streng genommen eine Form der Feature-Transformation). Typischerweise ist eines der Ziele von Feature-Extraction die Reduktion der Menge an Features, sodass die hierfür genutzten ursprünglichen Features nach der Extraktion aus dem Datensatz entfernt werden. Wie im Abschn. 3.2.3 dargestellt, ist es sinnvoll, die Anzahl der Features zu reduzieren, wenn sie redundante Informationen tragen. Weiterhin zählt auch der Prozess der Gewinnung numerischer Werte aus Bild- oder Textdaten zum Feature Engineering. Es können so beispielsweise Buchstaben, Grapheme oder Farben in numerische Features umgewandelt werden, welche ein Modell zur Vorhersage nutzen kann.

Die folgenden drei Verfahren sind typische Varianten der Feature Extraction in den empirischen (Sozial-)Wissenschaften und können das Verhältnis von Signal zu Rauschen in den Daten bedeutend reduzieren.

- **Summenskala**: Bei Erhebungen mit Leistungstests oder Fragebögen ergeben Skalen häufig mehr Sinn als einzelne Items. In diesem Fall werden die Items einer Skala addiert und die Summe als neues Feature in den Datensatz aufgenommen. Alternativ kann auch das arithmetische Mittel der Items berechnet werden, was schlicht einer transformierten Summenskala entspricht.
- **Hauptkomponentenanalyse**: Die Hauptkomponentenanalyse ist eine weit verbreitete Technik zur Dimensionsreduktion in Daten. Hierbei wird eine möglichst große Menge an gemeinsamer Varianz von k Features durch eine geringere Anzahl von Komponenten der Form $HK_j = a_{j1} \cdot Feature_1 + a_{j2} \cdot Feature_2 + \ldots + a_{jk} \cdot Feature_k$ ausgedrückt. Hierbei ist HK_j die Hauptkomponente j und

a_{ji} die Ladung von Feature i auf der Hauptkomponente j. Die Komponenten enthalten unterschiedlich viel Varianz. Es wird typischerweise ein Cutoff bestimmt, unter dem keine weiteren Komponenten berücksichtigt werden, sodass die finale Anzahl der resultierenden Komponenten $p < k$ ausfällt. Mögliche Techniken zur Bestimmung des optimalen Cutoffs sind in Bühner (2011) beschrieben.

- **Konfirmatorische Faktorenanalyse**: Die Grundidee der konfirmatorischen Faktorenanalyse ist eine Mischung der Ideen von Summenskala und Hauptkomponentenanalyse. Für vorher definierte Gruppen von Features werden latente Faktoren geschätzt, welche die jeweilige Featuregruppe repräsentieren. Ebenso wie bei der Hauptkomponentenanalyse wird jedes Feature i der jeweiligen Gruppe durch eine Ladung a_{ji} auf dem Faktor F_j repräsentiert. Die Werte der Faktoren, welche sich durch die Multiplikation der Ladungen mit den Werten der jeweiligen Features ergeben, werden Faktorwerte genannt. Faktorenanalysen werden ebenfalls häufig zur Zusammenfassung von Leistungstests oder Fragebögen eingesetzt. Eine hilfreiche Einführung in die angewandte konfirmatorische Faktorenanalyse gibt Kline (2023).

Die Reduktion der Anzahl der Features ist im ML-Kontext häufig eine sinnvolle Maßnahme, um den Lernprozess effizient zu gestalten. Auf der anderen Seite haben viele ML-Modelle gerade den Vorteil gegenüber klassischen inferenzstatistischen Verfahren, dass sie eine fast unbeschränkte Anzahl an Variablen nutzen können. Dies führt dazu, dass der gängige Ansatz der Skalenbildung bei Fragebögen und Leistungstests nicht zwangsläufig zu besserer Modellperformanz führt (siehe Pargent & Albert-von der Gönna, 2018). Grundsätzlich ist allerdings die Konstruktion von sparsamen Modellen aufgrund der geringeren Rechenzeit und einfacheren Interpretierbarkeit empfehlenswert.

3.3 Analysepipelines

Welche Preprocessing-Schritte notwendig sind, hängt, wie in den vorangegangenen Abschnitten beschrieben, unter anderem davon ab, welcher Learner genutzt wird. Bei einem Random Forest können fehlende Werte der Features problemlos mit −999 kodiert werden, wenn kein anderer Wert kleiner ist. So stellen dann die fehlenden Werte schlicht eine weitere Kategorie für die Bäume dar, nach welcher die Stichprobe geteilt werden kann. Um einen Wert zu generieren, der gut von anderen Werten getrennt werden kann, wird typischerweise die Formel $y'_i = 2 \cdot \max y$ genutzt, um Werte zu generieren, die doppelt so hoch sind, wie der höchste der nicht fehlenden Werte. Bei einer Regression würde dies allerdings zu Problemen führen, da hier alle numerischen Werte mit ihrer Ausprägung in die Schätzung der Regressionsgewichte eingehen und die Regressionsfunktion verzerren. Werden nun verschiedene Learner verglichen, so können also davon abhängig unterschiedliche Formen des Preprocessings sinnvoll oder sogar zwingend notwendig sein.

Aufgrund seiner Wichtigkeit im Lernprozess wird daher das Preprocessing der Daten häufig in das Resampling (siehe Abschn. 2.4) einbezogen. Die feste Zusammenlegung von Preprocessing-Schritten mit Training und Tuning wird *Analysepipeline* genannt. Gerade bei komplexen Datensätzen wie den in der psychologischen Forschung immer häufiger eingesetzten Sensordaten (siehe Stachl et al., 2020), ist die Integration des Preprocessings in den Resampling-Prozess typisch. Häufig ist es nämlich sinnvoll, die Preprocessing-Schritte datengesteuert auszuwählen wie beispielsweise bei Dimensionalitätsreduktionen oder den zuvor beschriebenen Transformationen von Variablen. Auch die Auswahl der Features durch Filtering kann bei verschiedenen Modellen unterschiedliche Auswirkungen auf die Modellperformanz haben. Da meist mehr als nur eine Art des Preprocessings angewandt wird, haben auch diese Schritte untereinander potenzielle Auswirkungen und Abhängigkeiten.

Typischerweise ist eine ganze Reihe von Preprocessing-Schritten in einer Analysepipeline notwendig. Weil oft viele dieser Schritte von den Fällen abhängen, die in sie eingehen, ist es für einen optimalen Lernprozess also essenziell, sie im Resampling einzubinden. Die verschiedenen Optionen dieser Preprocessing-Schritte und die daraus resultierenden Analysepipelines gehen somit in die Generierung des besten Modells durch den Resampling-Prozess direkt ein und sind ein Teil des Parameter-Tunings beziehungsweise der Optimierung (siehe Kap. 4).

Die Analysepipeline wird dann jedes Mal mit dem jeweiligen Trainingsset durchgeführt und besteht sowohl aus den Preprocessing-Schritten als auch aus dem Training des Learners mit dem aus dem Preprocessing resultierenden Datensatz. Auch können verschiedene Arten des Preprocessings Teil des Tunings sein. Hierbei werden verschiedene Folgen von Preprocessing-Schritten variiert und mit den unterschiedlichen Ausprägungen der Hyperparameter beim Tuning kombiniert.

Optimierung 4

Durch die iterative Anpassung des Learners in ML nimmt die Optimierung der Vorhersage einen prominenten Platz im Lernprozess ein. Der Prozess der Optimierung bezeichnet die schrittweise Veränderung der Parameter eines Learners mit dem Ziel der Erhöhung der Vorhersagegenauigkeit. Wie in Abschn. 2.2 beschrieben, definiert sich die Vorhersagegenauigkeit über einen möglichst geringen Wert der Loss-Funktion. Die Optimierung erfolgt nach einer Optimierungsvorschift, welche vor Beginn des Lernprozesses gewählt wird. Diese Vorschrift wird „Optimierer" genannt. Die erste Auswertung der Loss-Funktion erfolgt an einer beliebigen Stelle im Parameterraum. Der Optimierer beschreibt nun, an welcher Stelle die Loss-Funktion im nächsten Schritt ausgewertet wird. Hierbei bestimmt er zwei Komponenten, welche gemeinsam den nächsten Auswertungspunkt definieren: Richtung und Schrittweite. Die Schrittweite wird im Englischen „learning rate" genannt und kann ebenso wie andere Hyperparameter per Tuning optimiert werden. Das Tuning ist, wie in Abschn. 4.1 beschrieben, eine Optimierung der Hyperparameter eines Modells und funktioniert zu großen Teilen nach dem Trial-and-Error-Prinzip. Hyperparameter sind also Parameter, die nicht während des Trainings „gelernt", sondern schlicht in unterschiedlichen Ausprägungen probiert werden.

Der Prozess der Optimierung innerhalb eines Learners muss also vom jenem des Parametertunings unterschieden werden. Bei der Optimierung eines Learners mit einer festen Ausprägung von Hyperparametern erfolgt eine Optimierung durch die iterative Auswertung der Funktion, welche die Diskrepanz zwischen Vorhersage und Ground Truth quantifiziert: dem emprischen Loss. Die Minimierung dieses Loss ist eine mögliche Perspektive auf die Modelloptimierung. Durch die Optimierung soll die Funktion f gefunden werden, welche die Distanz zwischen $f(X) = \hat{y}$

und y minimiert. Da der empirische Loss als Diff(y, $\hat{y}$) definiert ist, entspricht dies wie oben beschrieben der Minimierung des Loss.

Es mag paradox wirken, dass Optimierung im ML-Kontext mit der Minimierung eines Funktionswerts verbunden ist. Dies liegt daran, dass die Logik hinter der Modellierung von *Kosten* ausgeht. Die Kosten sind als Ungenauigkeit zu verstehen, welche die Modellierung mit sich bringt. Im Training sind die Kosten also jener Informationsverlust, den das Modell gegenüber dem simplen Aufführen der Ground Truth, also den wahren Werten des Trainingssets hat. Die Optimierung bedeutet hier die Minimierung der Kosten beziehungsweise des Loss, könnte aber genauso gut als Maximierung der Qualität (z. B. in Form der Vorhersagegenauigkeit) formuliert werden – ein verwandtes Prinzip ist die *Maximum Likelihood* Methode, also die Maximierung der Parameterplausibilität. Bei einer Kategorisierung könnte beispielsweise die Accuracy der Vorhersage für die Kategorien optimiert werden. Allerdings wird in den meisten Kontexten in Form einer Minimierung der Fehlklassifikationen gedacht.

Ein einfaches Beispiel ist die Optimierung der Schätzung von Gummibärchen in einer Packung. Jede Packung stellt hierbei einen Fall dar, das Target ist die Anzahl der Gummibärchen. Wir wollen nun einen Schätzwert finden, mit dem wir einen möglichst geringen Fehler machen, also bei dem die Diskrepanz zwischen der wirklichen Anzahl der Gummibärchen in den Packungen und der von uns jeweils geschätzten Anzahl möglichst klein ist. Wie in Abschn. 2.2 beschrieben, wählen wir eine passende Loss-Funktion, welche diese Diskrepanz quantifiziert. Nehmen wir in diesem Fall den MSE, sodass die Abweichungen von unserer Schätzung quadriert und deren Summe durch die Anzahl der Päckchen geteilt werden. Praktischerweise kann diese Funktion analytisch minimiert werden, indem die Ableitung der Loss-Funktion null gesetzt wird. So kann das arithmetische Mittel $\bar{y}$ als optimaler Wert für Parameter θ identifiziert werden. Der Rechenweg ist in im elektronischen Appendix illustriert.

Der Parameterraum wird durch die möglichen Ausprägungen aller Parameter aufgespannt. Im obigen Beispiel mit den Gummibärchen wird der Raum durch einen einzigen Parameter definiert. Im Sinne einer Regression ist er eine Konstante. Dies bedeutet, dass er für alle Fälle identisch ist und nur ein Feature für die Vorhersage genommen wird, das in allen Fällen dieselbe Ausprägung hat, also konstant ist (implizit haben wir angenommen, dass der Wert dieser Konstante „1" ist, wodurch das arithmetische Mittel $\theta = \bar{y}$ als optimaler Parameterwert gefunden wurde, welcher den Loss minimiert[1]). Inhaltlich heißt dies, dass keine Attribute

---

[1] Wäre der Wert der Konstante „2", wäre $\theta = \frac{\bar{y}}{2}$ der optimale Parameterwert.

einzelner Packungen beachtet werden, sondern für jede Packung unabhängig von ihren Eigenschaften einfach die durchschnittliche Anzahl Gummibärchen geschätzt wird.

Der Parameterraum könnte allerdings auch durch zusätzliche Features wie der Größe der Packung erweitert werden. Die Packungsgröße wäre dann ein zusätzliches Feature pro Fall und der optimale Parameter für sie (im Falle einer Regression, das Regressionsgewicht) würde gemeinsam mit dem Parameter für die Konstante durch Minimierung einer gemeinsamen Loss-Funktion ermittelt.

Allerdings ist die Möglichkeit, die Loss-Funktion analytisch zu minimieren, nicht immer gegeben und bei komplexen Modellen müssen teilweise viele Millionen Parameter optimiert werden. Dies geschieht numerisch, also schrittweise nach einer Optimierungsvorschrift. Wie bereits erläutert werden die Schrittweite und -richtung durch diese Vorschrift festgelegt. Eine Übersicht oft genutzter Optimierer ist im elektronischen Appendix aufgelistet.

Wie in Abb. 4.1 zu erkennen, nutzen Optimierer den Gradienten der Funktion auf allen Dimensionen, um danach eine definierte Schrittweite in die steilste Richtung abzusteigen, um die Funktion erneut auszuwerten. Die Optimierungsvor-

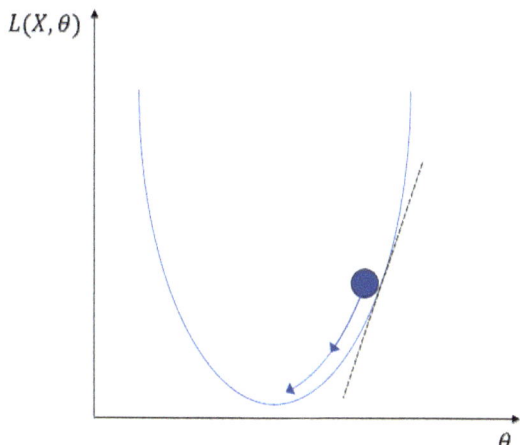

Abb. 4.1 Die Loss-Funktion wird an einem durch die Parameterwerte determinierten Punkt ausgewertet (Y-Achse) und der Gradient an dieser Stelle bestimmt. Anschließend werden die Parameterwerte (X-Achse) um die festgelegte Schrittweite (Pfeilkopf) in Richtung des Gradienten (gestrichelte Linie) angepasst. Nach der Anpassung erfolgt eine neue Auswertung und wiederholte Bestimmung des Gradienten. Die Schritte werden bis zu einem festgelegten Abbruchkriterium wiederholt. *Abb. selbst erstellt in Anlehnung an Hilbert et al. (2021)*

schrift wiederholt diesen Schritt, bis ein Abbruchkriterium erfüllt ist. Es gibt viele einsetzbare Abbruchkriterien. Beispiele hierfür sind:

- maximale Anzahl an Iterationen,
- minimale Verbesserung zwischen zwei Schritten oder
- Maximalabstand zu Null.

Einige Optimierungsprobleme beschränken sich auf konvexe Optimierung beziehungsweise werden als solche formuliert. Dies hat den offensichtlichen Vorteil, dass die Funktionen nur ein (also globales) Minimum haben (wie bei der Loss-Funktion in Abb. 4.1) und somit nicht die Gefahr besteht, dass die Optimierungsfunktion auf einem lokalen Minimum konvergiert. Eine umfassende Einführung in die Optimierung konvexer Funktionen geben Smola & Vishwanathan (2008).

Bei nicht-konvexen Funktionen ist die Optimierung deutlich komplexer und die hohe Dimensionalität des Parameterraums vieler Modelle macht die Lösung zusätzlich aufwändiger. Einige Optimierungsvorschriften wie der *Adaptive Gradient Algorithm* (*Adagrad*) oder *Adapive Moment Estimation* (*Adam*) bestimmen daher die Schrittweite für den Parameterraum individuell für jeden Parameter θ.

4.1 Hyperparametertuning

Das Tuning von Hyperparametern ist eine wichtige Stellschraube, um die Vorhersagegenauigkeit von Modellen zu erhöhen. Hyperparameter werden nicht wie die „normalen" Modellparameter aus den Daten geschätzt, sondern manuell festgelegt. Bei einem Random Forest sind die *Splits*, anhand derer der Datensatz aufgeteilt wird, Parameter. Diese werden anhand der Daten eines Learners erlernt, um ein möglichst prädiktives Modell zu generieren, und folgen einer Optimierungsfunktion. Die Anzahl der gezogenen Bäume hingegen ist ein Hyperparameter. Diese wird nicht anhand der Daten gelernt und auch nicht anhand einer Funktion optimiert, sondern zuvor festgelegt und schlicht ausprobiert.

Da das optimale Setting der Hyperparameter nicht anhand der Daten gelernt wird, folgt das Tuning dem Trial-and-Error Prinzip. Wie dargestellt können auch Aspekte der Optimierer wie beispielsweise die Schrittweite getuned werden. Es können auch gleich verschiedene Optimierer oder Loss-Funktionen im Zuge des Tunings ausprobiert werden, um das Modell mit der besten Performanz zu finden.

4.2 Search Spaces

Es gibt mehrere Arten der Suche nach der besten Zusammenstellung der Hyperparameter. Die drei bekanntesten werden nachstehend vorgestellt:

1. **Grid Search**: Beim Grid Search wird ein *Parameter-Grid* (deutsch: *Parametergitter*) aus allen möglichen Kombinationen der festgelegten Werte der Hyperparameter schrittweise durchprobiert. Gibt es zum Beispiel drei Hyperparameter mit je vier verschiedenen Ausprägungen, welche beim Tuning ausprobiert werden, so ergeben sich $4^3 = 64$ Kombinationen, die in jeweils einer Tuning-Schleife ausprobiert werden.
2. **Random Search**: Beim Random Search werden zufällig gezogene Ausprägungen für alle Hyperparameter kombiniert. Die zufällige Auswahl der Parameterkombinationen folgt einer Gleichverteilung über dem Hyperparameterraum. Da somit in der Regel eine unendliche Anzahl an Kombinationen möglich ist, müssen hier Stopp-Kriterien festgelegt werden. Diese sind typischerweise die Anzahl der Tuning-Durchläufe oder die Zeit des Tunings.
3. **Bayesian Optimization**: Wie der Name impliziert, basiert Bayesianische Optimierung auf dem Bayes-Theorem. Ungleich den beiden anderen vorgestellten Suchmethoden nutzt diese vorangegangene Iterationen, um aus ihnen zu lernen. Nach Bayesianischer Methode

$$p(Perform.|Hyperparam.) = \frac{p(Hyperparam.|Perform.) \cdot p(Perform.)}{p(Hyperparam.)}$$

wird hier den Hyperparametern (Hyperparam.) eine Wahrscheinlichkeit für die mit ihnen verbundene Modellperformanz (Perform.) zugewiesen. Die Suche konvergiert dann gegen die Hyperparameter, die mit der besten Performanz assoziiert werden. Wie beim Random Search werden typischerweise die Anzahl der Tuning-Durchläufe oder die Tuning-Zeit als Stopp-Kriterien festgelegt.

Welche der drei Varianten gewählt werden sollte, hängt von der individuellen Situation ab. Ein Grid Search braucht aufgrund seines „Brute-Force-Ansatzes" typischerweise mehr Zeit und/oder Rechenkapazität als die beiden anderen Varianten. Dafür kann Vorwissen über den Hyperparameterraum direkt einfließen, indem er manuell konfiguriert wird. Random Search bietet den Vorteil, dass die Anzahl der Durchgänge und damit auch die Rechenzeit und -kapazität beschränkt werden kann. Außerdem können im Nachhinein vielversprechende Gebiete manuell durchsucht werden. Allerdings können durch die zufällige Auswahl der Hyperparameterkonfigurationen auch optimale Kombinationen verfehlt werden. Bei der

Bayesianischen Optimierung wird Vorinformation eingespeist, die allerdings selbst zur Optimierung der Suche genutzt wird und sie somit im besten Falle optimiert. Es entsteht hier also ein Lernprozess im Lernprozess, der insofern zeitsparend ist, als dass direkt vielversprechende Kombinationsbereiche getestet werden und zudem gegen die optimale Hyperparameterkombination konvergieren. Allerdings benötigt dadurch jede Iteration mehr Zeit als bei den beiden anderen Varianten.

Das Hyperparametertuning ist der rechenintensivste Aspekt des ML und erfordert zudem Erfahrung und Geduld. Allerdings kann die Performanz der Modelle stark verbessert werden. Aus diesem Grund ist das Tuning eine der Hauptaufgaben bei der Programmierung beziehungsweise Supervision des Lernalgorithmus.[2] Denn Tuning ist zwar fundamental für das Erstellen hochperformanter Modelle, aber es existiert keine analytische Formel mit der die adäquate Ausprägung der Hyperparameter computational berechnet werden könnte. Sie muss einfach gefunden werden.

---

[2] Aufgrund der Wichtigkeit dieser Aufgabe hat sich in den letzten Jahren der Bereich des automatisierten MLs (sog. *AutoML*) entwickelt. Bei AutoML werden viele Aspekte von ML, wie Hyperparametertuning, die bei der Analyse normalerweise manuell durchgeführt werden müssen, automatisiert. AutoML-Pakete sind für die meisten ML-Softwareprogramme erhältlich.

Modelle 5

Der Einsatz von ML umfasst eine Vielzahl möglicher Learner und Modelle. Wolpert (1996) argumentiert, dass kein Modell einem anderem überlegen ist, sofern nicht substanzielle Information über das Modellierungsproblem bekannt ist. Dementsprechend existieren auch keine per se „besseren" oder „schlechteren" Modelle, sondern nur mehr oder weniger passende für die jeweilige Modellierungsaufgabe. Welches Modell sich als das passendste erweist, hängt von einer Vielzahl von Faktoren ab, insbesondere von der Datenstruktur. Im Folgenden werden einige der wichtigsten Modelle vorgestellt. Die Auswahl ist bei Weitem nicht exhaustiv und könnte nahezu beliebig erweitert werden. Allerdings bietet sie einen ersten Überblick zu wichtigen, unterschiedlichen Ansätzen und soll als informativer Einstieg in die Weiten der ML-Modelle fungieren.

5.1 Regularisierte Regressionen: Lasso und Ridge

5.1.1 Grundidee des Modells

Ridge und Lasso sind Spielarten der Regressionsanalyse, bei denen der Regressionsgleichung ein Term hinzugefügt wird, um das Modell zu *regularisieren* und Overfitting zu vermeiden. Der Regularisierungsterm kann als Strafterm (*Penalisierungsterm*) interpretiert werden, welcher bei der Optimierung der Residuenquadratsumme hinzugefügt wird und umso größer wird, je mehr Parameter ein Modell enthält. Regularisierung führt dazu, dass Modelle mit vielen Parametern, in diesem Fall also mit vielen Prädiktoren und damit vielen Regressionsgewichten, höhere Werte in der Loss-Funktion und damit eine schlechtere Passung erhalten als sparsamere Modelle.

Möchte man etwa die Mathematikleistung von Schülerinnen und Schülern vorhersagen und verwendet man hierfür ein sehr großes Set an Features (z. B. mehr als 30), so steigt bei einer linearen Regression der Anteil der erklärten Varianz mit jedem Feature und das Modell wird schnell sehr komplex. Daher kann es sinnvoll sein, die Größe der Regressionsgewichte zu regularisieren. Durch die Regularisierung kann erkannt werden, welche der zahlreichen Features essenziell zur Vorhersage der Mathematikleistung sind und daher interpretiert werden sollten.

Ridge- und Lasso-Regression unterscheiden sich dabei, auf welche Art sie die Parameteranzahl und -größe bestrafen. Die Ridge-Regression fügt einen $L2$-Regularisierungsterm hinzu, der das Modell dazu zwingt, alle Koeffizienten möglichst klein zu halten. Dadurch wird verhindert, dass einzelne Koeffizienten zu groß werden und das Modell zu sehr an die Trainingsdaten angepasst wird. $L2$-Regularisierung bedeutet, dass die Summe der quadrierten Regressionsgewichte den Strafterm bilden. So werden vor allem Regressionsgewichte mit großen Beträgen stark bestraft. Die Bestrafung führt dazu, dass ein Feature nur dann ein großes Regressionsgewicht erhält, wenn es gleichzeitig einen großen Beitrag zur Vorhersage des Targets liefert und so die Residuensumme stärker reduziert als es den Straftermwert erhöht.

Die Lasso-Regression hingegen nutzt einen $L1$-Regularisierungsterm, der dazu führt, dass einige der Koeffizienten ganz auf null gesetzt werden können. Dadurch werden unwichtige Features automatisch aus dem Modell entfernt und es wird weniger komplex. $L1$-Regularisierung bedeutet, dass die Summe der Beträge der Regressionskoeffizienten den Strafterm bilden. Auf diese Art werden alle Parameter gleich stark bestraft.

5.1.2 Modellschätzung

Die Modellschätzung in Ridge- und Lasso-Regressionen erfolgt, wie oben eingeführt, durch die Minimierung der sogenannten Loss-Funktion mit Berücksichtigung des Regularisierungsterms. Die Loss-Funktion misst, wie gut das Modell die tatsächlichen Werte y durch die vorhergesagten Werte $\hat{y}$ repräsentiert. Analog zur linearen Regression wird auch bei der Modellschätzung der Ridge- und Lasso-Regression die quadrierte Residuensumme minimiert. Zu dieser wird jedoch ein Penalisierungsterm addiert, welcher die Größe der Regressionskoeffizienten gewichtet und eine Nebenbedingung bei der Optimierung darstellt. Im Fall der Ridge-Regression ist die Loss-Funktion gegeben durch

5.1 Regularisierte Regressionen: Lasso und Ridge

$$L = \sum_{i=1}^{n}(y_i - \hat{y}_i)^2 + \lambda \sum_{j=1}^{p} \beta_j^2,$$

wobei y_i die tatsächlichen und $\hat{y}_i$ die vorhergesagten Werte mit $i = 1, \ldots, n$ sind, λ der Regularisierungsfaktor ist und β_j mit $j = 1, \ldots, p$ die Koeffizienten der Regressionsvariablen darstellen. Der erste Summand misst die quadratischen Fehler zwischen den tatsächlichen und vorhergesagten Werten. Der zweite Summand ist der $L2$-Regularisierungsterm, der dafür sorgt, dass alle Koeffizienten möglichst klein bleiben.

Während der Optimierung wird λ fest definiert. Es muss also für viele verschiedene Werte von λ ein eigenes Modell geschätzt werden. Diese verschiedenen Modelle sind Teil des Parametertunings und werden später zur Bestimmung des optimalen λ verwendet. Da λ jedoch in jeder Modellschätzung einen festen Wert hat, gilt es bei der Optimierung nicht nur $\sum_{i=1}^{n}(y_i - \hat{y}_i)^2$ zu minimieren, sondern gleichzeitig sicherzustellen, dass $\lambda \sum_{j=1}^{p} \beta_j^2$ möglichst klein bleibt. Die beiden Terme sind gegenläufig, da die Residuenquadratsumme also $\sum_{i=1}^{n}(y_i - \hat{y}_i)^2$ umso kleiner wird, je mehr einzelne Regressionskoeffizienten im Modell ungleich null geschätzt werden. Da mehr Regressionskoeffizienten die Modellflexibilität erhöhen, ermöglichen sie eine genauere Anpassung der Modellvorhersage an die Daten. Das Gegenteil gilt für $\lambda \sum_{j=1}^{p} \beta_j^2$. Dieser Part wird umso größer, je mehr und je größere Regressionskoeffizienten im Modell sind.

Daraus ergibt sich eine maximale Summe der quadrierten Regressionskoeffizienten. Wird diese überschritten, so wird die Loss-Funktion fast vollständig durch die Summe der quadrierten Regressionskoeffizienten definiert und kann nicht weiter optimiert werden. Es muss also bei der Optimierung eine Ungleichung der Form $\sum_{j=1}^{p} \beta_j^2 < c$ eingehalten werden, wobei sich c aus λ ableiten lässt. Dabei gilt, dass λ und c gegenläufig sind. Je größer λ ist, desto stärker regularisiert der Strafterm und desto kleiner muss die Summe der quadrierten Koeffizienten sein, um durch eine Anpassung der Regressionskoeffizienten die Loss-Funktion minimieren zu können. Muss bei einer Optimierung nicht nur das Minimum einer Funktion gefunden werden, sondern müssen zusätzlich Gleichungen oder Ungleichungen eingehalten werden, so spricht man von einer Optimierung mit Nebenbedingung.

Anschaulich verzerrt der Strafterm die Loss-Funktion der linearen Regression nach links und nach oben. Abb. 5.1 verdeutlicht dies für zwei verschiedene λ, also unterschiedlich starke Penalisierungen. Man erkennt, dass ein größeres λ den Strafterm schneller ansteigen lässt und so die Loss-Funktion stärker beeinflusst. Dadurch wird das Minimum der Ridge-Loss-Funktion Richtung $\beta = 0$ gedrückt.

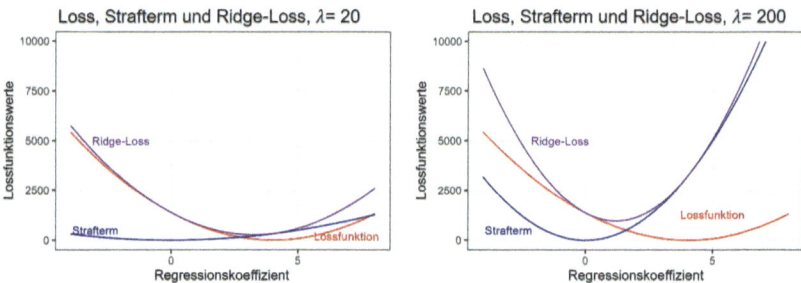

Abb. 5.1 Veranschaulichung der Auswirkung des Strafterms auf die Loss-Funktion bei der Ridge Regression. *Abb. selbst erstellt mit der Software R*

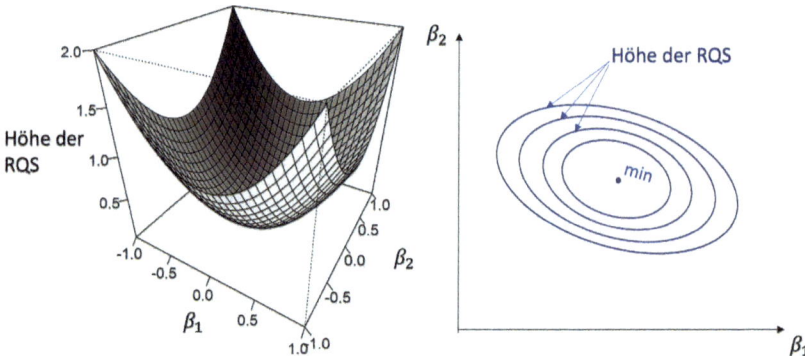

Abb. 5.2 Funktion der Residuenquadratsumme (RQS). *Abb. selbst erstellt mit der Software R*

Die Abb. 5.2 und 5.3 bringen die Regularisierung in mehr als einer Dimension zum Ausdruck, was in der Ridge-Regression den Normalfall darstellt. Die Funktion der Residuenquadratsumme kann man sich dabei wie eine Schüssel vorstellen. Auf der X-Achse und der Y-Achse werden die Parameter β_1 und β_2 abgetragen. Die Funktionswerte zeigen die Residuenquadratsumme an, welche sich aus den jeweiligen β-Werten ergibt. Von oben betrachtet kann man diese Funktionen mit Höhenlinien beschreiben – ähnlich wie ein Tal auf einer Landkarte. Für jede Höhenlinie gilt also, dass die Residuenquadratsumme für alle ihre β-Kombinationen konstant ist. Das Ziel der Optimierung ist es, den tiefsten Punkt der Schüssel zu finden, welcher immer rechtwinklig zur Höhenlinie liegt. Die Optimierung stellt also eine konvexe Optimierung dar (siehe auch Kap. 4).

5.1 Regularisierte Regressionen: Lasso und Ridge

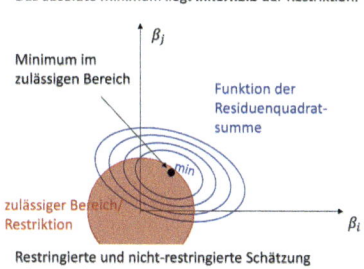
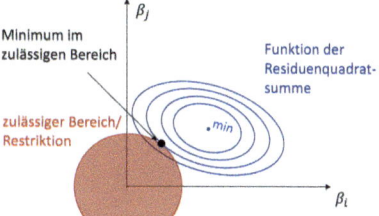
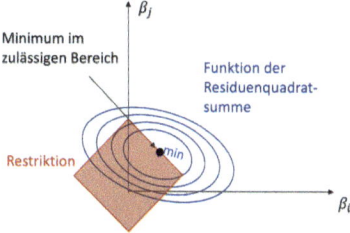
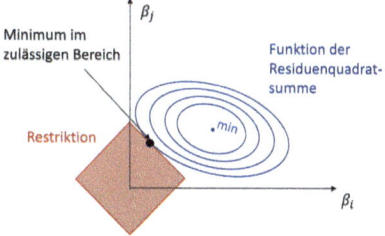

Abb. 5.3 Optimierung der Residuenquadratsumme (RQS) unter Nebenbedingung in Abhängikeit von β_i und β_j. Erstellt angelehnt an Zou und Hastie (2005)

In der linearen Regression würde man nun einfach den tiefsten Punkt der Funktion suchen, also die Parameterwerte, die zur kleinsten Residuenquadratsumme führen. Die Nebenbedingung der Ridge-Regularisierung, $\sum_{j=1}^{p} \beta_j^2 < c$ mit $j = 1, \ldots, p$ für p Features, führt jedoch dazu, dass nicht im gesamten Definitionsbereich der Funktion nach einem Minimum gesucht wird. Es gilt also nun das Minimum innerhalb des Bereichs zu finden, in welchem die Nebenbedingung erfüllt ist. Die Nebenbedingung der Ridge-Regularisierung ergibt einen kreisförmigen Bereich, dessen Radius von c abhängt. Ein Schritt für Schritt-Beispiel für eine Ridge-Regression ist im elektronischen Appendix gegeben.

Bei Lasso-Regressionen ist die Loss-Funktion gegeben durch:

$$L = \sum_{i=1}^{n}(y_i - \hat{y}_i)^2 + \lambda \sum_{j=1}^{p} |\beta_j|$$

Die zweite Summe ist hier der $L1$-Regularisierungsterm, der dazu führt, dass einige der Koeffizienten ganz auf null gesetzt werden können. Die Nebenbedingung resultiert durch ihn in einer eckigen Form. Diese Form ergibt sich, weil nun die Summe der Beträge der Regressionskoeffizienten den Wert c nicht überschreiten dürfen: $\sum_{j=1}^{p} |\beta_j| < c$. Im zweidimensionalen Beispiel bedeutet dies: Wenn der eine Regressionskoeffizient um eine Einheit größer werden soll, muss der andere Regressionskoeffizient um eine Einheit kleiner werden. In der Folge liegen alle maximal zulässigen Werte der Regressionskoeffizienten auf einer diagonalen Linie. Dieser Zusammenhang gilt, da Beträge immer positiv sind, für alle vier Quadranten des Koordinatensystems gleichermaßen. Somit folgt die Rautenform der Nebenbedingung. Es kann nun passieren, dass die Schnittstelle zwischen der nicht penalisierten Loss-Funktion und der Nebenbedingung genau auf eine der Ecken fällt. Dann würde ein Regressionskoeffizient auf 0 regularisiert und die zugehörige Variable somit effektiv aus dem Modell entfernt. Damit eignet sich die Lasso-Regression – anders als die Ridge-Regression – auch als Methode zur Variablenselektion.

5.1.3 Optimierung

Die Optimierung der Ridge- und Lasso-Regression erfolgt durch die Minimierung der Loss-Funktion. Um das Minimum der Residuenquadratsummen-Funktion (RQS-Funktion) unter Nebenbedingung mathematisch zu bestimmen, benötigt man einen „Trick". Hierzu gelte folgende Vorüberlegung: Am gesuchten Minimum innerhalb des restringierten Suchbereichs berühren sich RQS-Funktion und Nebenbedingung. Also muss gelten:

- Die Funktionswerte $RQS(\beta)$ und Nebenbedingung $h(\beta)$ überlappen sich.
- Die ersten Ableitungen sind parallel:
   $- \Delta f(\beta) = \alpha \cdot \Delta h(\beta)$
- Nebenbedingung
   $h(\beta) = \sum_{j_1}^{p} \beta_j^2 < c$ bzw. $h(\beta) = \sum_{j_1}^{p} \beta_j^2 - c_n = 0$, mit $c_n > c$ ist erfüllt.

Die erste Bedingung ist hier immer erfüllt, da Nebenbedingung und Funktion auf ganz $\mathbb{R}$ definiert sind. Die zweite Bedingung gilt, wenn die ersten Ableitungen parallel sind, also wenn gilt: $- \Delta f(\beta) = \alpha \cdot \Delta h(\beta)$.

Hierzu stellt man folgende Überlegungen an: Die Richtung der ersten Ableitungen liegen immer rechtwinklig zu den Höhenlinien, weil dies die Richtung

5.1 Regularisierte Regressionen: Lasso und Ridge

des steilsten Abstiegs ist. Anschaulich ist das der kürzeste Weg zur nächsten Höhenlinie. Überlegung 2: Die Richtung der ersten Ableitungen der Nebenbedingung zeigt immer in Richtung des Punkts selbst. So gilt für $p = 2$ Parameter, dass die Ableitungen von $\Delta h(\beta_1^2 + \beta_2^2 - c) = (2\beta_1, 2\beta_2)^T$, also proportional zu β_1 und β_2, sind. Es ist möglich, eine Höhenlinie genau auf der Höhe des Berührungspunkts zu definieren. Damit gilt, dass die Ableitungen parallel sind. Anschließend werden die drei Vorüberlegungen mittels der *Lagrange-Funktion* zu einer Gleichung zusammengefasst, denn $\Delta f(\beta) + \alpha \cdot \Delta h(\beta) = 0$ stellt einen stationären Punkt der folgenden Funktion dar: $L(\beta, \alpha) := f(\beta) + \alpha \cdot h(\beta)$

Die Optimierung erfolgt dann über das Lösen des Gleichungssystems $(\Delta f(\beta) + \alpha \cdot \Delta h(\beta)) \mid (h(\beta)) = (0 \mid 0)$

Die Lösung dieses Gleichungssystems ist über Matrixzerlegungen ohne ein iteratives Vorgehen möglich. Für technische Details hierzu und Hintergründe zur Lagrange-Funktion sei auf Fahrmeir et al. (2021) verwiesen.

Die Modellschätzung erfolgt also – anders als bei den meisten ML-Modellen – analytisch beziehungsweise deterministisch. Das gilt allerdings nicht für die Wahl des Regularisierungsparameters λ beziehungsweise die Regularisierungskonstante c. Diese müssen im Rahmen eines Tunings durch Kreuzvalidierung bestimmt werden.

Die Schätzung der Modellparameter in regularisierten Regressionsmodellen kann für kleine Datensätze händisch illustriert werden. Im elektronischen Appendix ist ein Schritt für Schritt-Beispiel für die Parameterschätzung bei einem regularisierten Regressionsmodell anhand einer Ridge-Regression gegeben.

5.1.4 Tuning

Ein wichtiger Bestandteil bei der Verwendung von Ridge- und Lasso-Regression ist das Tuning des Regularisierungsfaktors λ. Ein zu hoher Wert führt zu Underfitting, während ein zu niedriger Wert zu Overfitting führen kann. Das Tuning von λ wird, wie im Kap. 4 beschrieben, normalerweise mithilfe von Kreuzvalidierung und Grid Search durchgeführt. Es werden also konkret für eine feste Menge an λ die Regressionskoeffizienten am Trainingsset geschätzt und die Modellpassung – zum Beispiel im Sinne des MSE – für das Testset bestimmt. Anschließend wird dasjenige λ gewählt, welches zur besten Passung im Testset geführt hat. Ob ein gutes Modell gefunden werden kann, hängt also maßgeblich davon ab, welche λ-Werte ausprobiert werden.

5.1.5 Parameterinterpretation

Ein wichtiger Vorteil von Ridge- und Lasso-Regression ist, dass sie zu einer automatischen Feature-Selektion führen, gleichzeitig aber alle Parameter interpretierbar bleiben. Während bei der herkömmlichen Regressionsanalyse alle Prädiktorvariablen gleich behandelt werden, führen Ridge- und Lasso-Regression dazu, dass einige der Variablen stärker in die Modellvorhersage einbezogen werden als andere. Dies kann insbesondere dann von Vorteil sein, wenn es viele Features gibt und es schwierig ist, die wichtigsten herauszufiltern. Durch die automatische Feature-Selektion werden nur die wichtigsten Features in das Modell aufgenommen, was das Modell weniger komplex macht, dadurch Overfitting entgegenwirkt und die Vorhersagegenauigkeit bei neuen Daten erhöhen kann. Damit die Größe der Regressionsgewichte und damit auch die Stärke ihrer Penalisierung nicht von der gewählten Messeinheit (z. B. cm vs. m) abhängt, ist es üblich, alle Featurevariablen vor der Modellierung zu standardisieren. So ergibt sich in der Parameterinterpretation, dass ein Regressionsgewicht von $0,5$ bedeutet, dass bei einer Steigerung des Werts auf einem Feature um eine Standardabweichung eine Steigerung des Targetwerts um $0,5$ erwartet wird, wenn alle anderen Featurewerte konstant bleiben.

5.2 Random Forests

5.2.1 Grundidee des Modells

Random Forests basieren auf dem Ansatz der CARTs (siehe Abschn. 1.1.2), welche die Stichprobe in Substichproben unterteilen, die hinsichtlich der Targetausprägungen eine möglichst hohe Homogenität aufweisen. Die schrittweise Unterteilung der Stichprobe wird auf Basis der Featureausprägungen durchgeführt und kann prinzipiell so oft wiederholt werden, bis jede Substichprobe nur noch aus einem einzelnen Fall besteht (zumindest, sofern es ebenso viele einzigartige Feature-Kombinationen wie Fälle gibt). Das Prinzip der iterativen Stichprobenunterteilung ist auch unter dem Namen *rekursives Partitionieren* bekannt und die Basis verschiedener „baumbasierter" Modelle. Ein Beispiel für einen Regressionsbaum, der durch rekursives Partitionieren des Boston Housing Datensatzes (https://www.kaggle.com/code/prasadperera/the-boston-housing-dataset) entstanden ist, gibt Abb. 5.4 wieder. Durch das wiederholte Partitionieren der Stichprobe entsteht ein Entscheidungsbaum, welcher jeden Fall der Gesamtstichprobe durch Regeln einer

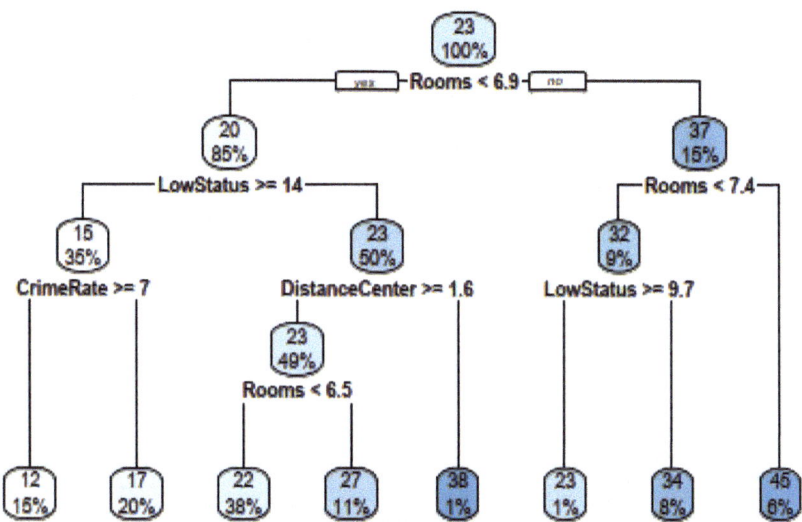

Abb. 5.4 Beispiel eines Regressionsbaums am Boston Housing Datensatz. *Abb. selbst erstellt mit der Software R*

von mehreren Substichproben zuteilt. Diese Regeln definieren wiederum den vorhergesagten Wert für das Target.

Ein Beispiel wäre hier die Unterteilung einer Stichprobe von Schulkindern in Grundschulkinder und Schulkinder an weiterführenden Schulen anhand der Körpergröße. Das Target wäre hier also die Variable „Schulform" mit den Kategorien „Grundschule" versus „nicht Grundschule" und das Feature wäre die numerische Variable „Körpergröße". Die Stichprobe würde so geteilt, dass alle Kinder unter einer Körpergröße von 1,40 Metern einer ersten Substichprobe wären. Alle Kinder mit einer Körpergröße von mindestens 1,40 Metern wären in einer zweiten. Nach dieser Unterteilung sollten die meisten Kinder in der ersten Substichprobe Kinder auf Grundschulen sein und die in der zweiten auf weiterführenden Schulen. Hinsichtlich der Target-Variable sind die Stichproben dann „reiner". Anhand weiterer Features wie beispielsweise der Variable „Alter" könnten die zwei Substichproben weiter unterteilt werden und somit immer kleinere Substichproben von größerer Reinheit gewonnen werden. Reinheit bedeutet hier, dass in jeder Substichprobe möglichst nur Kinder aus einer der beiden Schulformen sind. Die iterative Aufteilung kann sehr anschaulich grafisch abgetragen werden, wodurch eine Baumstruktur die Substichproben und deren Zusammensetzung beschreibt. Aus diesem Grund sind mathematische Bäume vor allem aus der Graphentheorie bekannt.

Wichtige zu unterscheidende Begriffe sind hierbei: „Sub-" oder „Teilstichprobe", *„Split"* (deutsch: *Aufteilung*), *„Splitting Criterion"* (deutsch: *Teilungskriterium*), *„Node"* (deutsch: *Knoten*) und *„Edge"* (deutsch: *Kante*). Der Begriff „Substichprobe" beschreibt eine endliche Zahl an Datenpunkten, welche durch eine definierte Ausprägung eines oder mehrerer Features indiziert ist. Die Aufteilung der Gesamtstichprobe nach Ausprägung eines Features ist der Split. Er definiert das Feature sowie die Ausprägung, anhand derer geteilt wird. Das Splitting Criterion ist die Vorschrift, nach welcher der Split bestimmt wird, und wird im nächsten Abschnitt ausführlicher beschrieben. Der Begriff Knoten hingegen beschreibt eine Komponente des Baumes im Rahmen der Graphentheorie: Er ist ein Kreis oder Punkt, an dem die Stichprobe geteilt wird.

Wie in Abb. 5.4 ist in der grafischen Darstellung von Entscheidungsbäumen in vielen Fällen die Größe der zugehörigen Teilstichprobe an oder in ihm notiert. Der erste Knoten wird oft *Root* (deutsch: *Wurzel*) genannt, die Endknoten auch *Leaves* (deutsch: *Blätter*). Knoten, die weder Wurzel noch Blatt sind, werden als Zwischenknoten bezeichnet. Im ML-Kontext werden Knoten und (Sub-)Stichproben meist synonym verwendet. Verschiedene Knoten werden durch Striche oder Pfeile, die Edges, verbunden. Die exakte Darstellungsform von mathematischen Bäumen kann variieren, allerdings finden sich Knoten und Kanten in praktisch jeder einzelnen. In vielen Darstellungsformen steht in den Knoten sowohl die Größe der zugehörigen Teilstichprobe als auch der Split. Dieser ist abgetragen als Ausprägung eines der Features und wird nach einem zuvor festgelegten Maß ermittelt.

CARTs sind zwar sehr flexibel, haben allerdings den Nachteil, dass sie zum Overfit neigen, worunter ihre Prädiktivität für neue Daten leidet. Random Forests wirken dem durch ein ebenso simples wie schlagendes Prinzip entgegen: Sie ziehen eine Vielzahl an zufälligen Bäumen (daher auch ihr Name: Viele Bäume ergeben einen Wald) und kombinieren ihre Vorhersagen. Damit nicht jeder Baum exakt gleich aussieht, wird Zufälligkeit in den Prozess der Baumbildung integriert. Zufälligkeit, also Randomness, wird dadurch erzeugt, dass jeder Baum auf einem *Bootstrap*-Sample der Stichprobe beruht (für eine Einführung in Bootstrap-Verfahren siehe Efron & Tibshirani, 1994). Zudem wird für jeden *Split*, also jede neue Unterteilung der Stichprobe, nur aus einer Zufallsstichprobe der zur Verfügung stehenden Features gewählt. Durch diese zwei Randomness-Komponenten entstehen unterschiedliche Entscheidungsbäume, deren Vorhersage gemittelt wird. Auf diese Weise wird verhindert, dass sich das Modell zu stark an die Trainingsdaten anpasst. Zusätzlich lassen sich verschiedene Hyperparameter, wie die Anzahl der Bäume oder der bei jedem Split zufällig gezogenen Features, tunen.

Das Ziehen und Mitteln multipler Bootstrap-Stichproben ist auch als *Bagging* (kurz für *Bootstrap-Aggregating*) bekannt und ein Vorläufer der Random Forests (Breiman, 1996). Da bei Klassifikationsmodellen kein Durchschnitt gebildet werden kann, wird stattdessen einfach die Kategorie gewählt, welche die meisten Bäume vorhersagen – es wird sozusagen per Mehrheitsvotum entschieden.

Neben der Vermeidung von Overfit hat das Bagging-Prinzip den Vorteil, dass jene Fälle, die beim Bootstrap nicht gezogen wurden – und daher nicht in die Erstellung des Entscheidungsbaums eingehen – als Testsample für den entstandenen Baum verwendet werden können. Die Vorhersage der nicht beim Bootstrap gezogenen Fälle wird *Out-of-Bag-Prediction* genannt. Die Güte der Out-of-Bag-Prediction lässt sich wiederum bestimmen, indem nicht gezogene Fälle durch den fertigen Baum geschickt und die resultierenden Vorhersagen mit dem wahren Target-Label abgeglichen werden.

5.2.2 Modellschätzung

Die Modellschätzung bei Random Forests erfolgt über die Minimierung einer gewählten Loss-Funktion $L(\hat{y}, y)$, indem eine stückweise konstante Regressionsoberfläche durch $\hat{r}(X) = \hat{y}$ geschätzt wird (siehe Abb. 5.5). Diese Oberfläche entsteht durch die rekursive Partitionierung anhand der Splits. Sogenannte Elternknoten beschreiben die zu teilende (Teil-)Stichprobe, welche durch einen binären Split in zwei zugehörige Kinderknoten unterteilt werden. Das Kriterium für den Split ist die Vorschrift, nach welcher entschieden wird, welcher Split die (Sub-)Stichproben in welche Bestandteile unterteilt – also, welches Feature dazu genommen wird und an welchem Wert dieses Feature geteilt wird. Es gibt unterschiedliche Splitkriterien, die alle gemein haben, dass sie die Homogenität der Teilstichproben maximieren. Splikriterien bauen auf Maßen für Homogenität der Teilstichproben auf, die bei einem möglichen Split gewonnen würden. Es wird dann nach jenem Kriterium geteilt, das die höchste Homogenität nach dem gewählten Maß herstellt.

Es existiert eine Vielzahl an Homogenitätsmaßen für kategoriale wie auch für numerische Targets, die alle nach einem ähnlichen Prinzip funktionieren: Sie geben die Veränderung in der Homogenität für jeden möglichen Split an und gewichten diese an der Größe der resultierenden Substichproben. Diese Gewichtung erfolgt für ein Homogenitätsmaß H am Datensatz D der Größe n,

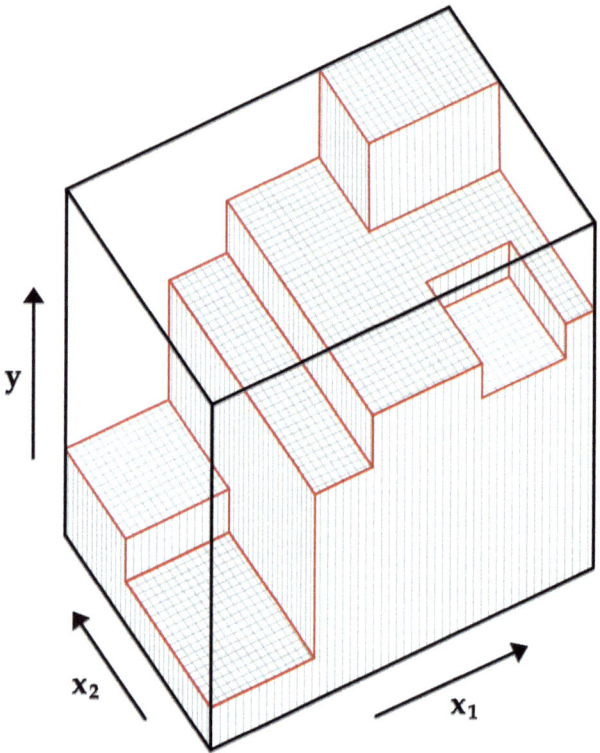

Abb. 5.5 Illustration der Regressionsoberfläche mit zwei Features x_1 und x_2. Die y-Achse beschreibt den vorhergesagten Wert für das Label in Abhängigkeit von x_1 und x_2. Abb. erstellt angelehnt an ein Beispiel in Efron und Hastie (2016)

welcher in Substichproben D_1 und D_2 geteilt wird durch $\frac{n_1}{n} H(D_1)$ und $\frac{n_2}{n} H(D_2)$. Für das Gesamtmaß eines Splits S gilt $H(D)_S = \frac{n_1}{n} H(D_1) + \frac{n_2}{n} H(D_2)$. Bei allen Homogenitätsmaßen wird zur Konstruktion des Splitkriteriums die Veränderung der Homogenität durch den möglichen Split berechnet. Für einen beliebigen Split S ergibt sich die Veränderung der Homogenität durch $\Delta H(D)_S = |H(D) - H(D)_S|$, wobei $H(D)$ das Homogenitätsmaß des Elternknotens ist. Aus diesem Grund werden auch bereits perfekte Substichproben niemals geteilt: Die Veränderung der Homogenität läge bei 0. Diese Knoten sind bereits Blätter des Baumes. Es existieren verschiedene Homogenitätsmaße für kategoriale und numerische Targets:

5.2 Random Forests

- **Maße für kategoriale Targets**: Hier steht p_j für die Wahrscheinlichkeit, dass ein zufällig gezogener Datenpunkt die Kategorie j hat. Dies ist im Falle von Entscheidungsbäumen die relative Häufigkeit der Kategorie j, also $\frac{n_j}{n}$. Zwei typische Homogenitätsmaße für kategoriale Targets sind:
  - **Gini Impurity**: $GI_k = 1 - \sum_{j=1}^{J} 1 - p_j^2$. Die Gini Impurity basiert also auf den quadrierten Kategorienwahrscheinlichkeiten p_j^2 für $j = 1, \ldots, J$. Der Split, welcher die niedrigste Gini Impurity zur Folge hat, wird durchgeführt.
  - **Information Gain**: $IG_k = 1 - \sum_{j=1}^{J} p_j log_2 p_j$. Der subtrahierte Term $\sum_{j=1}^{J} p_j log_2 p_j$ beim Information Gain ist die sogenannte *Entropie*, also die Unordnung. Je geringer die Entropie, desto sauberer ist die (Sub-)Stichprobe und desto höher der Information Gain. Der Split, welcher den höchsten Information Gain zur Folge hat, wird durchgeführt.
- **Maße für numerische Targets**: Bei numerischen Targets wird normalerweise eine der Spielarten der Variabilität der Ausprägungen des numerischen Targets als Homogenitätsmaß verwendet. Die Varianz der Knoten ist hierbei das typische Maß: **Knotenvarianz**: $\frac{1}{n} \sum_{i=1}^{n_k} (y_i - \bar{y}_k)^2$. $\bar{y}$ steht hier für das arithmetische Mittel des Knotens k und n_k für dessen Stichprobengröße. Es wird der Split durchgeführt, welcher die größte Varianzreduktion zur Folge hat.

Die Unterteilung der Stichprobe durch homogenitätssteigernde Splits erfolgt iterativ bis zur Erfüllung eines Abbruchkriteriums. Auch bei diesem sind unterschiedliche – sowie die Kombination mehrerer – Kriterien möglich. Typische Abbruchkriterien bei Random Forests sind:

- **Maximale Tiefe des Baums**: Die Anzahl der Splits, die aufeinander folgen dürfen, indem eine bereits durch mindestens einen Split definierte Substichprobe abermals geteilt wird, wird auf ein Maximum c begrenzt.
- **Minimale Anzahl Fälle für einen Split**: Ein Knoten k mit Anzahl Fälle $n_k \leq c$ darf nicht weiter unterteilt werden. $c + 1$ ist hierbei die minimale Größe der Fälle für Knoten, die weiter unterteilt werden dürfen. Wenn dies für alle Knoten k gilt, wird der Baum nicht weiter unterteilt.
- **Minimale Anzahl an Fällen pro Knoten**: Ein Knoten k darf nur dann unterteilt werden, wenn die Anzahl der Fälle aller resultierenden Kinderknoten $k_j \geq c$, mit $j \in 1, 2$ und c die minimale Anzahl der Fälle, ist. Im Vergleich zum Kriterium „Minimale Anzahl Fälle für einen Split", wird hier nicht nur verhindert, dass sehr kleine Knoten weiter geteilt werden, sondern, dass sehr kleine Knoten überhaupt gebildet werden.

- **Minimaler Gain:** Es werden nur dann zusätzliche Splits vorgenommen, wenn $IG \geq c$ der Information Gain durch einen zusätzlichen Split ein Minimum c nicht unterschreitet. Information Gain kann an dieser Stelle auch durch ein anderes Splitkriterium ersetzt werden, wobei dann potenziell die Richtung des Vergleichs angepasst werden muss.

Die einzelnen Bäume des Forests unterliegen wie eingangs beschrieben zweierlei Zufallseinflüssen:

1. **Bootstrapping:** Aus dem Datensatz mit n Fällen wird n-mal mit Zurücklegen gezogen, sodass ein neuer Datensatz gleicher Größe entsteht, in welchem fast unausweichlich manche Fälle mehrfach, aber andere Fälle nicht vorhanden sind. Mit diesem Datensatz wird der Entscheidungsbaum gebildet.
2. **Split-Variable-Randomization:** Bei jedem Split wird nur eine zufällig gezogene Anzahl m der p im Datensatz enthaltenen Features berücksichtigt. Mit dieser Auswahl an Features wird dann der Split mit dem größten Information Gain (oder einem anderen zuvor gewählten Split-Kriterium) durchgeführt. Typischerweise wird $m = \sqrt{p}$ oder $m = \frac{p}{3}$ gesetzt.

Das Entwickeln (oder Wachsen lassen) eines Random Forests folgt somit folgendem Algorithmus, welcher an den in Efron und Hastie (2016) beschriebenen komplexeren Ablauf angelehnt ist:

1. Gegeben sei ein Trainingsdatensatz $D = (X, y)$ mit Features X und Target y. Gesetzt werden $m \leq p$ und eine fixe Anzahl zu ziehender Bäume B.
2. Für $b = 1, 2, \ldots, B$:
   (a) Ziehe einen Bootstrap-Datensatz d_b. Der Index b steht hierbei für den Baum, dem durch den Bootstrap ein eigener Datensatz zugeordnet wird.
   (b) Entwickle einen Baum $t_b(\cdot)$ aus d_b nach dem gewählten Splitkriterium. Hierbei werden vor jedem Split m der p Features zufällig gezogen. Die Tiefe des Baumes wird durch das Abbruchkriterium bestimmt.
   (c) Speichere den Baum $t_b(\cdot)$ und die zugehörige Bootstrap-Stichprobe d_b.
3. Berechne den vorhergesagten Wert $\hat{y}_i = t_{rf}(X_i)$ an jedem Datenpunkt y_i mit

$$t_{rf}(X_i) = \frac{1}{B} \sum_{b=1}^{B} t_b(X_i)$$

und $i = 1, \ldots, n$.

5.2 Random Forests

Durch die Ziehung der Bootstrap-Stichproben kann zudem der *Out-of-Bag-Fehler* (*OOB-Fehler*) bestimmt werden. Dieser wird durch die Vorhersage des $\hat{y}_{*i}$ wie im vorherigen Algorithmus durch Mitteln der Vorhersage mehrerer Bäume bestimmt. Allerdings werden hierbei nur jene $t_{b_{*i}}(X_i)$ einbezogen, bei denen Datenpunkt i nicht im Bootstrap-Datensatz enthalten war. Diese Bäume und vorhergesagten Werte sind gekennzeichnet durch den zusätzlichen Index $*i$.

Der gesamte OOB-Fehler ist hierbei der Durchschnitt aller OOB_i-Fehler. Die Anzahl der gezogenen Bäume sollte hierbei groß genug für eine stabile Vorhersage sein. Durch die Randomisierungsaspekte des Random Forests ist Overfitting durch zu viele Bäume unwahrscheinlich, kann allerdings durch den OOB-Fehler überprüft werden. Nachdem die Vorhersagen für alle Fälle, die nicht in einem Bootstrap-Sample enthalten waren, bestimmt wurden, wird für eine gewählte Loss-Funktion L (beispielsweise den MSE) wie gewohnt berechnet:

$$OOB_{Fehler} = \frac{1}{n}\sum_{i=1}^{n} L\left(y_i, \hat{y}_{*i}\right)$$

Durch diesen Vorgang kann beim Random Forest ein Vorhersagefehler für unbekannte Daten geschätzt werden, ohne den Datensatz in ein Test- und ein Trainingsample unterteilen zu müssen. Der Standardfehler der Vorhersage des Random Forests kann zusätzlich über einen Jackknife-Schätzer bestimmmt werden, welcher im elektronischen Appendix beschrieben ist.

5.2.3 Optimierung

Ein Random Forest involviert keine Optimierung im klassischen Sinne. Stattdessen wird die Prädiktivität jedes einzelnen Baumes für das Trainingsset bei jedem Split auf Basis des Splitkriteriums maximiert. Welches Maß hier verwendet wird, hängt zunächst davon ab, ob es sich um einen Kategorisierungs- oder einen Regressionsbaum handelt, also ob die Target Variable kategorial oder numerisch ist. Die Optimierung der Splits bei kategorialen Targets basiert auf dem Konzept der Reduktion von „Unreinheit" der Stichprobe hinsichtlich des Targets. Die meisten *Impurity Measures* (deutsch: *Unreinheitsmaße*) beruhen auf sehr ähnlichen Prinzipien wie in der Auflistung im vorherigen Abschnitt gut ersichtlich. Bei dem häufig genutzten Gini-Index wird die Unreinheit eines Knotens über die Gini-Impurity GI wie im vorigen Abschnitt beschrieben folgendermaßen definiert:

$$GI_k = 1 - \sum_{j=1}^{J} 1 - p_j^2$$

p_j steht für die Wahrscheinlichkeit der Kategorie j im Knoten k. Soll zum Beispiel vorhergesagt werden, ob eine Person ein Kind oder ein Erwachsener ist, hätte ein Elternknoten mit 15 Kindern und 15 Erwachsenen eine Unreinheit von $GI = 1 - 0{,}5^2 - 0{,}5^2 = 0{,}5$. Wird dann die Stichprobe durch einen Split so perfekt aufgeteilt, dass in einem Kinderknoten nur Erwachsene und im zweiten nur Kinder sind, so ist in beiden resultierenden Knoten $GI = 1 - 1^2 - 0^2 = 0$. Die Stichprobe ist in den Kinderknoten also vollständig rein bezüglich der Ausprägung des Targets. Die durchschnittliche Unreinheit – gewichtet an der Anzahl der Fälle in beiden Kinderknoten – dient als Maß der Unreinheit für den gesamten Split. Im Beispiel mit den Kindern und den Erwachsenen ergibt dies weiterhin 0, da $GI_{Split} = \frac{15}{30} \cdot 0 + \frac{15}{30} \cdot 0 = 0$. In diesem Fall sind zusätzlich beide Gewichte gleich groß, da in den Kinderknoten je 15 der insgesamt 30 Fälle gelandet sind. Allerdings ist eine Gewichtung notwendig, wenn ungleich große Kinderknoten entstehen.

Bei numerischem Target, also bei Regressionsbäumen, wird statt der Unreinheit ein Maß eingesetzt, welches für numerische Daten geeignet ist, beispielsweise der MSE. Hierbei wird der Split so gewählt, dass der MSE in beiden Kinderknoten minimiert wird. Wie bei der GI wird hier das gewichtete Mittel der MSE beider Kinderknoten als Gesamtmaß herangezogen:

$$MSE_{Split} = \frac{n_1}{n_0} \sum_{i=1}^{n_1} (y_i - \hat{y}_i)^2 + \frac{n_2}{n_0} \sum_{j=1}^{n_2} (y_j - \hat{y}_j)^2,$$

mit n_1 und n_2 als Anzahl der Werte in Kinderknoten 1 und 2 und n_0 als Anzahl der Werte im Elternknoten sowie $i = 1, \ldots, n_1$ und $j = 1, \ldots, n_2$.

Unabhängig davon, welches Kriterium zur Bestimmung der Reinheit der Knoten herangezogen wird, muss jedes Mal der beste Split auf Basis dieses Kriteriums, also ein bestimmter Parameter, so ermittelt werden, dass die Homogenität der Gesamtheit aller Blätter eines Baumes maximiert wird. Dies geschieht durch die Berechnung der Unreinheit jedes möglichen Splits. Mögliche Splits sind bei kategorialen Features simpel, denn sie ergeben sich durch die Trennung zwischen einer Kategorie und den anderen. Beispielsweise könnte ein Feature das Lieblingsessen von Personen beinhalten. Ein möglicher Split wäre dann, ob das Lieblingsessen der Person Spaghetti ist oder nicht. Genauso könnte der

Split zwischen einer Präferenz für Pizza oder für Rosenkohl unterscheiden. Bei numerischen Features wird die Stichprobe in Substichproben getrennt, die eine Ausprägung größer/gleich oder kleiner/gleich einem Split-Wert in diesem Feature haben. Hierbei werden die Fälle der Größe nach geordnet und jeder mögliche Split zwischen zwei Ausprägungen berechnet (typischerweise wird das arithmetische Mittel zwischen den Ausprägungen für das Splitkriterium berechnet), wonach dann die Unreinheit der entstehenden Kinderknoten bestimmt wird. Wie bei kategorialen Variablen wird im Anschluss jener Split gewählt, der die geringste Unreinheit zur Folge hat.

5.2.4 Tuning

Ein Random Forest hat eine Vielzahl an Hyperparametern, die beim Tuning angepasst werden können, um die beste Performanz zu erzeugen. Ein sehr offensichtlicher Parameter ist die Anzahl der Bäume, wobei dieser eine eher weniger effektive Stellschraube ist, denn bis auf in Ausnahmefällen können nicht zu viele Bäume gezogen werden. Typischerweise wird mit etwa 1000 Bäumen begonnen und die Anzahl versuchsweise erhöht. Dieser und weitere Tuningparameter sind im Folgenden aufgelistet:

- die Anzahl B der Bäume,
- die Anzahl m der insgesamt p Features bei der Split-Variable-Randomization,
- die maximale Tiefe d der Bäume,
- die maximale Anzahl der Blätter pro Baum,
- die Wahl des Splitkriteriums der Bäume,
- die Mindestanzahl der Fälle in einem Blatt,
- die Mindestanzahl der Fälle in einem Knoten, für die noch ein Split durchgeführt werden darf bzw.
- die Größe der Bootstrap-Samples.

Diese Liste ist nicht exhaustiv, sondern stellt lediglich eine Auswahl gängiger Tuningparameter bei Random Forests dar. Einige dieser Hyperparameter funktionieren sehr ähnlich wie die Mindestanzahl der Fälle für einen Split und die Mindestanzahl der Fälle pro Blatt. Andere wie die Größe des Bootstrap-Samples und die Wahl des Unreinheitsmaßes sind weitgehend unabhängig voneinander.

5.2.5 Parameterinterpretation

Eine der Schwächen von Random Forests ist, dass die Interpretation der Parameter zu komplex ist, um ein direktes Verständnis der Modellvorhersage zu ermöglichen. Dies liegt an der großen Anzahl unterschiedlicher Bäume, die auf Basis unterschiedlicher Stichproben (durch das Bootstrapping) und unterschiedlicher Features (durch die Split-Variable-Randomization) entstanden sind und eine Gesamtentscheidung für jede Beobachtung treffen.

Allerdings kann zur Interpretation der Wichtigkeit einzelner Features auf modellagnostische Techniken des Interpretable Machine Learning (siehe Kap. 6) zurückgegriffen werden, sodass zumindest der Einfluss einzelner Variablen oder deren Interaktion abgeschätzt werden kann. Zusätzlich gibt es spezifische Ansätze für den Random Forest wie die Entscheidungspfade, mit denen der durchschnittliche Beitrag jedes Features über alle Bäume berechnet werden kann. Hierdurch kann die Vorhersage der Weränderungen entlang des Vorhersagepfads zusammen mit den Features betrachtet werden, anhand derer die Weränderung vorhergesagt wird. Ausführlich und anschaulich erklärt wird dieser Ansatz von Zhao et al. (2019).

5.2.6 Schritt für Schritt-Beispiel

Wir haben einen Datensatz, der das Alter von Personen als Target und ihre Körpergröße (Feature 1) sowie ihre Präferenz für Hunde oder Katzen (Feature 2) enthält. Die Stichprobengröße ist $n = 8$.

Person	A	B	C	D
Alter	28	35	36	16
Körpergröße in cm	187	176	168	174
Tierpräferenz	Hunde	Hunde	Hunde	Hunde

Person	E	F	G	H
Alter	44	45	35	32
Körpergröße in cm	188	165	166	172
Tierpräferenz	Katzen	Katzen	Katzen	Katzen

5.2 Random Forests

Um das Alter der Personen möglichst genau vorherzusagen, wird nun ein sehr kleiner Random Forest gebildet: $t = 3$ Bäume mit je maximal $s = 2$ Splits. Da wir nur zwei Features haben, verzichten wir in diesem Beispiel auf die Split-Variable-Randomization, führen also genau genommen Bagging, den Vorläufer des Random Forests, durch. Weiterhin legen wir eine Mindestgröße von $n_k = 2$ für jeden Knoten fest. Als Homogenitätsmaß wählen wir den MSE, sodass wir die Homogenität bzw. Heterogenität des Targets Alter wie folgt berechnen:

$$MSE_D = \frac{(\sum_{i=1}^{n} Alter_i - \widehat{Alter_i})^2}{n} = \frac{590{,}86}{8} = 73{,}86$$

Der vorhergesagte Wert $\widehat{Alter_i}$ ist hierbei das arithmetische Mittel der Substichprobe, zu der Fall i zugeordnet wird. Jeder Split eines jeden Baumes in einem Random Forest ist darauf ausgelegt, den MSE zu verringern; das maximale ΔMSE bestimmt den optimalen Split. Da jeder Baum auf einem Bootstrap der Gesamtstichprobe basiert, ziehen wir $B = 3$ Bootstrapstichproben d_1, d_2 und d_3. Die Stichproben ergeben sich als:
Datensatz d_1:

Person	D	H	B	F
Alter	16	32	35	45
Körpergröße in cm	174	172	176	165
Tierpräferenz	Hunde	Katzen	Hunde	Katzen

Person	E	D	G	A
Alter	44	16	35	28
Körpergröße in cm	188	174	166	187
Tierpräferenz	Katzen	Hunde	Katzen	Hunde

Datensatz d_2:

Person	E	F	H	D
Alter	44	45	32	16
Körpergröße in cm	188	165	172	174
Tierpräferenz	Katzen	Katzen	Katzen	Hunde

Person	B	G	F	B
Alter	35	35	45	35
Körpergröße in cm	176	166	165	176
Tierpräferenz	Hunde	Katzen	Katzen	Hunde

Datensatz d_3:

Person	F	G	F	D
Alter	45	35	45	16
Körpergröße in cm	165	166	165	174
Tierpräferenz	Katzen	Katzen	Katzen	Hunde

Person	F	F	H	F
Alter	45	45	32	45
Körpergröße in cm	165	165	172	165
Tierpräferenz	Katzen	Katzen	Katzen	Katzen

Für alle drei Bootstraps wird nun ein Baum der maximalen Tiefe $s = 2$ gebildet. Für Baum t_1 wird zunächst der optimale erste Split s_1 bestimmt. Für das Feature „Tierpräferenz" ist der einzig mögliche Split jener zwischen den Ausprägungen „Hunden" und „Katzen". Wird dieser Split durchgeführt, führt dies zu zwei Substichproben mit $MSE_{Hunde} = 66,19$ und $MSE_{Katzen} = 31,50$.

Um nun die Veränderung des MSE zu berechnen, die mit dem Split zwischen den beiden Substichproben der Katzen- und Hundeliebhaber einhergeht, gewichten wir beide Substichproben mit ihrer relativen Größe und ziehen den MSE der Gesamtstichprobe von den „gepoolten" $MSEs$ der beiden Substichproben ab:

$$\Delta MSE_S = \left| MSE_{d1} - \left(\frac{4}{8}MSE_{Hunde} + \frac{4}{8}MSE_{Katzen}\right)\right| =$$

$$|106,98 - (33,09 + 15,75)| = 58,14$$

Bei diesem kategorialen Feature gibt es nur eine Möglichkeit für den Split, da nur zwei Ausprägungen vorhanden sind. Anders verhält es sich beim numerischen

5.2 Random Forests

Feature „Körpergröße". Hier sind Splits zwischen allen verschiedenen Körpergrößen möglich, also genau ein Split weniger als verschiedene Ausprägungen in der Bootstrap Stichprobe d_1. Um diese möglichen Splits zu bestimmen, ordnen wir d_1 zunächst nach dem Feature „Körpergröße", da es Verhältniskalenniveau hat und somit Information über die Ordnung trägt:

Person	F	G	H	D
Alter	45	35	32	16
Körpergröße in cm	165	166	172	174
Tierpräferenz	Katzen	Katzen	Hunde	Hunde

Person	D	B	A	E
Alter	16	35	28	44
Körpergröße in cm	174	176	187	188
Tierpräferenz	Hunde	Hunde	Hunde	Katzen

Aufgrund der sieben verschiedenen Ausprägungen der Körpergröße in d_1 sind sechs Splits möglich, die typischerweise am Mittelwert zwischen zwei Ausprägungen vorgenommen werden, also hier 165,5 cm, 169 cm, 173 cm, 175 cm, 181,5 cm und 187,5 cm. Die Splits bei den Körpergrößen 165,5 cm und 187,5 cm können nicht vorgenommen werden, da die Mindestgröße von $n_k = 2$ unterschritten würde (jeweils einer der Knoten bestünde aus nur einem Datenpunkt). Das resultierende ΔMSE für die übrigen vier Splits wird wie bei kategorialen Features berechnet:

Split	ΔMSE	n_1	n_2
169	24,80	2	6
173	21,30	3	5
175	11,05	5	3
181,5	7,13	6	2

Alle möglichen Splits resultieren in einem kleineren ΔMSE als beim Split nach der Tierpräferenz. Somit wird der Split nach der Präferenz für Hunde oder Katzen vorgenommen. Es resultieren zwei Kinderknoten mit allen Personen, die eine Präferenz für Hunde haben, in Substichprobe d_{11}: Person A, Person B, Person

D und nochmal Person D. Substichprobe d_{12} besteht aus Person E, Person F, Person H und Person G. Substichprobe d_1 enthält Person D zwei Mal, da diese zweifach in der Bootstrapstichprobe d_1 enthalten ist, auf der der Baum basiert.

Nachdem der erste Split s_1 vollzogen ist, werden wieder alle möglichen ΔMSE berechnet. Da beide Substichproben hinsichtlich der Tierpräferenz homogen sind, müssen nur noch alle möglichen Splits nach der Körpergröße berechnet werden. Hier zeigt sich, dass ein Split nach Körpergröße 175 cm in Substichprobe d_{11} ein $\Delta MSE = 60,06$ mit sich bringt und ein Split nach Körpergröße 169 cm in Substichprobe d_{12} ein $\Delta MSE = 1$. Alle anderen Splits würden in Knoten mit $n_k < 2$ resultieren und sind somit nicht möglich. Der nächste (und finale) Split von Baum t_1 teilt also Substichprobe d_{11} in d_{111} mit Person D, Person D und d_{112} mit Person A, Person B. Dies ist die finale Einteilung von Baum t_1, welcher zu einer Heterogenität von

$$MSE_{t_1} = \frac{n_{d_{111}}}{n_{d_1}} MSE_{d111} + \frac{n_{d_{112}}}{n_{d_1}} MSE_{d_{112}} + \frac{n_{d_{12}}}{n_{d_{12}}} MSE_{d_{12}} =$$

$$15,75 + 3,06 + 0 = 18,81$$

führt. Damit ist sie naturgemäß deutlich kleiner als die des Bootstrap-Datensatzes d_1 vor dem Splitting, welche $MSE_{d_1} = 106,98$ beträgt. Hierbei ist zu beachten, dass dieser größer als der $MSE_D = 73,86$ der Ausgangsstichprobe ist.

Die Splits für Baum t_2 werden nach demselben Prinzip vorgenommen, allerdings mit der Bootstrap-Stichprobe d_2. Bei dieser ist der erste Split mit dem höchsten $\Delta MSE = 31,18$ wieder jener auf Basis der Tierpräferenz. Es resultieren die Substichproben d_{21} mit Person B, Person B, Person D und d_{22} mit Person E, Person F, Person F, Person G, Person H bei einem Homogenitätszuwachs von $\Delta MSE = 31,18$. Der nächste Split mit maximalem Homogenitätsgewinn ist jener zwischen Körpergröße > 165,5 cm und Körpergröße < 165,5 cm in Substichprobe d_{22} mit einem Homogenitätszuwachs von $\Delta MSE = 15,36$. Somit ist Baum t_2 vollendet und hat eine Gesamtheterogenität von:

$$MSE_{t_2} = \frac{n_{d_{21}}}{n_{d_2}} MSE_{d_{31}} + \frac{n_{d_{221}}}{n_{d_2}} MSE_{d_{221}} + \frac{n_{d_{222}}}{n_{d_2}} MSE_{d_{222}} =$$

$$30,08 + 0 + 9,75 = 39,83$$

Diese ist wieder deutlich kleiner als die Ausgangsheterogenität von $MSE_{d_2} = 80,61$.

5.2 Random Forests

Baum t_3 mit Bootstrap-Stichprobe d_3 hat den optimalen ersten Split bei Körpergröße $> 165{,}5$ cm und Körpergröße $< 165{,}5$ cm, welche einen Homogenitätszuwachs von $\Delta MSE = 70{,}42$ mit sich bringt. Damit ergeben sich Substichproben von $d_{31} =$ Person F, Person F, Person F, Person F, Person F und d_{32} mit Person D, Person G, Person H. Der zweite Split ist in diesem Baum nicht möglich, da fünf der acht Personen aus Bootstrap-Stichprobe d_3 identisch (Person F) sind, sodass d_{31} nicht weiter unterteilt werden kann, weil sie bezüglich des Alters schon perfekt homogen ist. d_{32} hingegen besteht aus nur drei Personen und kann nicht mehr in zwei Teile mit $n_k > 1$ geteilt werden. Somit ist auch Baum t_3 vollendet und die ursprüngliche Heterogenität von $MSE_{d_3} = 96{,}6$ wurde zu

$$MSE_{t_3} = \frac{n_{d_{31}}}{n_{d_3}} MSE_{d_{31}} + \frac{n_{d_{32}}}{n_{d_3}} MSE_{d_3} = 0 + 26{,}08 = 26{,}08$$

reduziert. Die drei Bäume unseres kleinen Waldes sind in Abb. 5.6 illustriert.

Da nun alle $t = 3$ Bäume gezogen worden sind, werden die Vorhersagen dieser kombiniert, um eine Gesamtvorhersage zu generieren. Nimmt man eine Person I mit einer Körpergröße von 176 cm, einer Präferenz für Hunde und einem Alter von

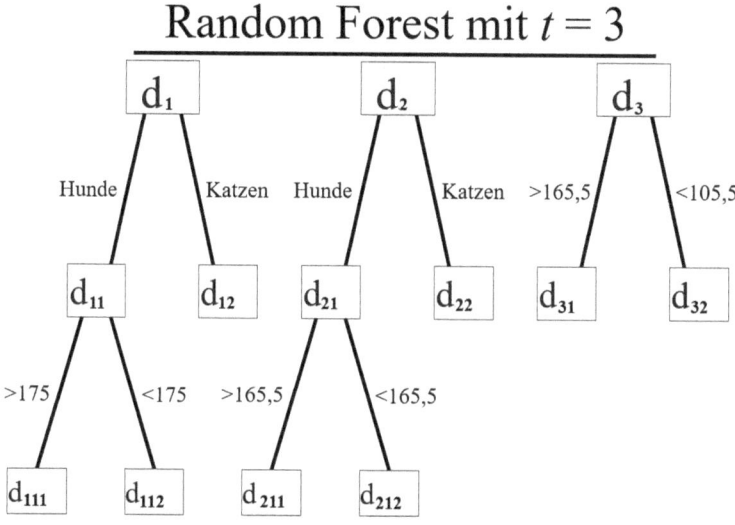

Abb. 5.6 Abbildung der $t = 3$ Bäume des Random Forests zur Vorhersage des Alters. *Abb. selbst erstellt*

31 Jahren, so ist der vorhergesagte Wert für das Target „Alter" das arithmetische Mittel des Alters der Substichprobe des Knotens, in welchem sich Person I aufgrund ihrer Tierpräferenz und ihres Alters befindet. Dies ist für t_1 Substichprobe d_{112} mit einem arithmetischen Mittel von $Mean(Alter_{d_{112}}) = 31{,}5$, für t_2 Substichprobe d_{222} mit einem arithmetischen Mittel von $Mean(Alter_{d_{222}}) = 37$ und für t_3 Substichprobe d_{32} mit einem arithmetischen Mittel von $Mean(Alter_{d_{32}}) = 27{,}67$. Somit ist die Vorhersage für Person I:

$$t_{rf}(\text{Person I}) = \frac{1}{B}\sum_{b=1}^{B} t_b(X_i) = \frac{1}{3}(31{,}5 + 37 + 27{,}67) = 32{,}06$$

Hierbei steht t_{rf}(Person I) für die Vorhersage des Random Forests basierend auf den Feature-Ausprägungen der Person I. Mit dieser Vorhersage liegt unser Random Forest $1{,}06$ Jahre über dem wahren Alter von Person I. Übertragen auf das Homogenitätsmaß dieses Beispiels liegt die Abweichung bei $1{,}06^2 = 1{,}10$.

5.3 Boosting

5.3.1 Grundidee des Modells

Ein weiterer oft baumbasierter Ansatz ist das *Boosting*. Wie beim Random Forest wird hier ein Ensemble von Entscheidungsbäumen genutzt, weshalb beide Ansätze auch zur Gruppe der „Ensemble Learner" gehören. Im Gegensatz zur Methode des Random Forests, bei der viele tiefe Bäume gezogen und gemittelt werden, nutzt Boosting Ketten von sehr kleinen Entscheidungsbäumen, aus denen ein additives Modell konstruiert wird. Abb. 5.7 kontrastiert die beiden Ansätze grafisch.

„Boosting" bedeutet, die Performanz von „schwachen" Learnern durch zusätzliche schwache Learner zu erhöhen. Ursprünglich wurde der Ansatz für Klassifikationsprobleme entwickelt, wobei einzelne flache Entscheidungsbäume die prototypischen schwachen Learner darstellten. Wie beim Random Forest werden hier also mehrere Entscheidungsmodelle zu einem Gesamtmodell kombiniert, allerdings nach additivem Prinzip, weshalb auch oft von „Schritten" gesprochen wird.

Der Sinn dieser additiven Kombination ist es, iterativ durch immer neue Learner das (Pseudo-)Residuum der vorherigen Bäume vorherzusagen. Diese Kombination verbessert die Gesamtvorhersage mit jedem neuen Baum und gleicht

5.3 Boosting

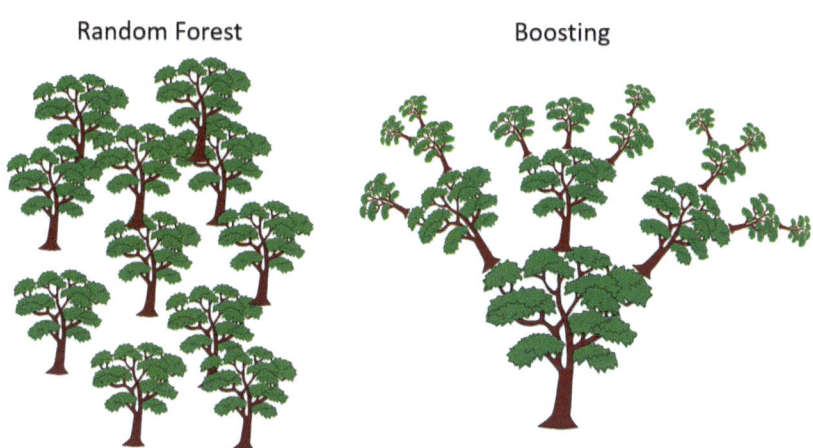

Abb. 5.7 Veranschaulichung Random Forest vs. Boosting. *Abb. von www.wpclipart.com*

dem Prinzip eines additiven Regressionsmodells. Das Prinzip ist für unterschiedlichste Learner durchführbar, in diesem Kapitel wird jedoch die verbreitetste Variante des Boostings mit Bäumen behandelt. Hierbei wird zunächst ein flacher Entscheidungsbaum entwickelt, welcher das Sample in wenige Subsamples teilt. Im Anschluss werden die Residuen berechnet, also die falsch zugeordneten Datenpunkte für Kategorisierungsbäume und die numerischen Residuen jedes Datenpunkts bei Regressionsbäumen. Auf diesem Prinzip bauen mehrere Boosting-Algorithmen auf, die sich in mehreren Aspekten wie der Form der Bäume dem Optimierungsverfahren und der *Lernrate* (ein Penalisierungsterm, der steuert, wie stark sich die Baumketten an die Daten anpassen) unterscheiden.

Soll beispielsweise die Körpergröße von Personen vorhergesagt werden (also das Target sein) und wären Gewicht und Schuhgröße als Features verfügbar, wäre wahrscheinlich die Schuhgröße das Feature, welches durch einen Split die homogensten Stichproben hinsichtlich der Körpergröße produziert. Nimmt man also an, es würde jetzt ein Split vorgenommen, der Personen mit Schuhgröße ≥ 40 in eine Stichprobe und alle Personen mit Schuhgröße < 40 in eine andere einteilen würde, wären die Abweichungen der individuellen Körpergrößen vom arithmetischen Mittel ihrer jeweiligen Substichprobe die resultierenden Residuen. Setzt man zudem voraus, dass dieser Baum damit fertig, also nur ein Stumpf wäre (wie beim nachfolgend beschriebenen *Adaboost Ansatz*), dann würde ein neuer Baum gezogen, der statt der Target-Ausprägungen nur die Residuen vorhersagt. Würde nun das Gewicht ein besseres Feature darstellen, um die Stichprobe hinsichtlich dieser Residuen einzuteilen, wäre dieses im nächsten Baum das determinierende Feature für den Split (beispielsweise mit Gewicht ≥ 75 in eine Substichprobe und alle < 75 in eine zweite). Die Gewichtung und Kombination dieser Bäume ergäbe schließlich eine genauere Vorhersage der Körpergröße als jeder Baum einzeln.

Ein anschaulicher Ansatz für einen Boosting-Algorithmus ist das *Adaptive Boosting (Adaboost)*. Es wurde von Freund und Schapire (1997) entwickelt und zählt zu den ältesten Boosting-Ansätzen für baumbasierte Learner. Adaboost ist ein Klassifizierer für Datenpunkte bzw. Fälle, der unterschiedlich gewichtete Entscheidungsstümpfe nutzt. Entscheidungsstümpfe haben nur einen Split und werden daher *Trunks* (deutsch: *Stümpfe*) genannt. Der Einsatz von Entscheidungsstümpfen maximiert den „Weak-Learner-Ansatz". Die Gewichte der Stümpfe werden von zwei Faktoren bestimmt:

1. Je weniger Klassifikationsfehler ein Stumpf macht, desto höher wird sein Gewicht.
2. Je mehr „schwierig" zu klassifizierende Datenpunkte ein Stumpf korrekt klassifiziert, desto höher wird sein Gewicht.

Die Gewichte der Stümpfe können dadurch berechnet werden, dass jedem Datenpunkt ebenfalls ein Gewicht zugewiesen wird. Bei der Entwicklung des ersten Stumpfes sind alle Gewichte gleich groß. Im Anschluss wird das Gewicht eines Datenpunkts größer, je häufiger er von den bisher entwickelten Stümpfen nicht korrekt klassifiziert wurde. Jeder neue Stumpf wird auf Basis eines Bootstrap-Datensatzes gezogen, bei dem die Fälle mit einer Wahrscheinlichkeit gezogen werden, die nach ihren jeweiligen Fallgewichten berechnet ist. Im Anschluss wird der neue Stumpf dann selbst gewichtet.

Durch die Gewichtung beim Bootstrapping geht die vorherige Fehlklassifikation der Fälle indirekt in das Baumgewicht ein (das Fallgewicht ist schließlich größer, je häufiger der Fall bisher fehlklassifiziert wurde). Jeder Fall wird dann am Ende durch eine gewichtete Mehrheitsentscheidung innerhalb seines Blattes klassifiziert. Adaboost ist ein Spezialfall des generalisierten *Gradient Boosting*, welches im nächsten Abschnitt im Detail beschrieben wird, da es auf Stümpfe (also dichotome Entscheider mit nur einem Split) restringiert ist und eine exponentielle Loss-Funktion nutzt. Abb. 5.8 (nach Zhang et al., 2018) illustriert das Prinzip additiver schwacher Learner, welche durch ihre Kombination auch nicht-lineare Kategorisierungen modellieren können. Die zusätzliche Gewichtung bisher falsch klassifizierter Datenpunkte ist durch ihre Vergrößerung veranschaulicht.

5.3 Boosting

Abb. 5.8 Beispiel der additiven Klassifikation von Fällen durch schwache Learner T_1, T_2 und T_3 durch Boosting. Ziel ist die Kategorisierung in Quadrate und Kreise durch lineare Trennungen anhand der Features X und Y. Abb. übernommen von Zhang et al. (2018)

5.3.2 Modellschätzung

Die allgemeine Form des Boosting wird *Gradient Boosting* genannt. Sie wird genutzt, um Loss-Funktionen wie den MSE zu minimieren. Die Minimierung des Loss wird durch die iterative Evaluation der Loss-Funktion und der jeweiligen Berechnung des multidimensionalen Gradienten erzielt (siehe Kap. 2). Der Gradient wird genutzt, um die Richtung zu bestimmen, in welche die Parameter angepasst werden müssen, um das Minimum zu erreichen. Das Modell wird durch wiederholtes Vorhersagen der Residuen durch Regressionsbäume erstellt. Jeder zusätzliche Baum wird um den Shrinkage-Faktor ϵ geschrumpft und dann additiv in das Modell aufgenommen. Der Algorithmus zur Modellschätzung mit dem MSE als Loss-Funktion (nach Efron & Hastie, 2016) läuft in folgenden Schritten ab:

1. Gegeben sei ein Trainingsdatensatz $D = (X, y)$ mit Features X und Target y. Gesetzt wird der anfängliche Fit auf $T_0 := 0$ und Residualvektor $r = y$. Fixiert sind folgende Parameter:
   (a) Anzahl der Schritte beziehungsweise Bäume S
   (b) Schrinkage-Faktor/Lernrate ϵ
   (c) Baumtiefe d
2. Für $s = 1, 2, \ldots, S$ wiederhole:
   (a) Fitte Regressionsbaum $\tilde{t}_s$ maximal gut auf Datensatz (X, r) bis zur Tiefe d durch schrittweise Minimierung des MSE;
   (b) Update das gefittete Modell mit einer um den Faktor ϵ geschrumpften Version von $\tilde{t}_s$, durch: $T_s = T_{s-1} + \epsilon \cdot \tilde{t}_s$;
   (c) Update den Residualvektor r entsprechend: $r_i = r_i - \epsilon \cdot \tilde{t}(x_i)_s$ mit $i = 1, 2, \ldots, n$;
3. Gib die Sequenz der gefitteten Funktionen $\hat{G}_b$ aus mit $s = 1, 2, \ldots, S$.

Dies ist eine spezifische Variante des Gradient Boosting-Algorithmus für eine quadratische Loss-Funktion, den *MSE*. Sie zeigt das grundlegende Vorgehen bei der Modellschätzung und illustriert einige basale Aspekte des Modells. Die Selektion der Variablen verläuft adaptiv und die Gewichtung sorgt zusätzlich für eine Form der Regularisierung.

Außerdem werden Interaktionen der Variablen durch die Tiefe d der Bäume eingeschränkt. Ein Baum der Tiefe $d = 3$ kann aufgrund seiner zwei Splits immer nur zwei Variablen verbinden, weshalb allgemein formuliert immer nur Interaktionen der Ordnung $d - 1$ modelliert werden. Die Baumtiefe bestimmt also die Komplexität des Modells mit.

Die Lernrate ϵ kontrolliert die Anpassung des Modells an die Daten, da die später entwickelten Bäume bei niedrigerer Lernrate ein kleineres Gewicht bekommen und sich das Modell damit nicht so stark an den Spezifika der Trainingsdaten orientiert. Die Lernrate wird auch Shrinkage-Faktor oder Schrittweite genannt, da sie die Weite des kommenden Schrittes bei der nächsten Evaluation des Gradienten definiert.

5.3 Boosting

Eine Verallgemeinerung des Gradient Boostings kann durch $\lambda(x) = T_t(x) = \sum_{s=1}^{S} t_s(x, \gamma_s)$ erzielt werden. Der (natürliche) Parameter λ wird durch die Funktionen $t_s(x; \gamma_s)$ mit Parametervektoren γ_s geschätzt. γ_s enthält alle Parameter des Baums t_s. Die $t_s(x; \gamma_s)$ sind in hier einfach flache Bäume mit ihrem jeweiligen Parametervektor, also γ_s, der die Split-Variablen, die Split-Werte und die Werte der Endknoten/Blätter enthält.

Das generalisierte Gradient Boosting kann allerdings durch einen Trick auf jede differenzierbare Funktion erweitert werden. Beim Gradient Descent wird der Gradient ebenfalls durch einen Baum der Tiefe d approximiert. Der resultierende Algorithmus ist in Efron und Hastie (2016) beschrieben.

Es existieren verschiedene spezifische Varianten des Gradient Boosting, welche sich durch ihre genutzten Loss-Funktionen und die Implementierung von verschiedenen Arten des Shrinkings sowie den Einbezug von Randomisierungsprozessen zur Vermeidung von Overfit definieren. Eine häufig genutzte hochperformante Variante ist *Extreme Gradient Boosting (XGBoost)*. XGBoost involviert zusätzlich die Regularisierung der individuellen Bäume (siehe Abschn. 5.1), proportionales Schrumpfen der Knoten und Random Sampling in Substichproben. Das genaue Verfahren inklusive eines R-Pakets wird von Chen et al. (2015) beschrieben.

Ein weiteres beliebtes und flexibles Verfahren ist *Model-based Boosting*, das es ermöglicht, verschiedene Learner für unterschiedliche Mengen von Features zu verwenden. Durch seine Flexibilität bei der Learnerwahl in Kombination mit Regularisierungstermen kann Model-based Boosting verwendet werden, um learnerspezifische Aspekte zu kombinieren und die Performanz hierdurch deutlich zu steigern (für einen Überblick sowie ein R-Paket siehe Hothorn et al., 2010).

5.3.3 Optimierung

Wie in Abschn. 5.2 beschrieben, werden die Splits ebenfalls iterativ an einem Split-Kritierum wie dem Information Gain, der Entropie oder der Impurity bestimmt. Dieses Verfahren wird genutzt, um die individuellen einzelnen Bäume möglichst passgenau auf die Daten zu fitten. Da beim Boosting die Bäume allerdings additiv verbunden sind, werden Fälle, die zuvor inkorrekt (bei kategorialem Target) oder ungenau (bei numerischem Target) vorhergesagt wurden, für jeden zusätzlichen Baum stärker gewichtet. Um eine Optimierung des Modells zu erzielen, also die Loss-Funktion zu minimieren, wird deren Gradient genutzt.

Der funktionale Gradient Descent wird beim Gradient Boosting an der Loss-Funktion durchgeführt, also im n-dimensionalen Raum des gefitteten Vektors. Damit diese Funktion nicht nur an den n Punkten x_i mit $i = 1, \ldots, n$ ausgewertet werden kann, wird der (negative) Gradientenvektor mit einem eigenen Baum der Tiefe d approximiert, welcher an jeder Stelle ausgewertet werden kann.

Nachdem dieser „Gradientenbaum" gezogen wurde, wird dem Gradienten folgend ein Schritt der Weite ϵ Richtung Minimum der Loss-Funktion vollzogen. Die Schrittweite ϵ geht in das additive Boosting-Modell durch Multiplikation des Baumes mit ihrem Wert ein, durch das Update $T_s(x) = T_{s-1}(x) + \epsilon \cdot t(x, \hat{\lambda}_b)$.

5.3.4 Tuning

Die für das Tuning zur Verfügung stehenden Hyperparameter sind beim Boosting vielfältig. Dies liegt vor allem an ihrer Interaktion: Beispielsweise sorgt eine Erhöhung der Baumtiefe d für eine stärkere Anpassung an die Trainingsdaten, kann aber durch die Verringerung der Schrittweite gekontert werden. Die im Folgenden aufgelisteten Hyperparameter beziehen sich auf den allgemeinen Fall des Gradient Boostings. Bei speziellen Boosting-Algorithmen wie XGBoost, können sich zusätzliche Tuningmöglichkeiten ergeben. Typische Tuningparameter des Gradient Boostings sind:

- die Anzahl S der Schritte beziehungsweise Bäume, die sequenziell aneinandergereiht werden,
- die maximale Tiefe d der Bäume,
- die maximale Anzahl der Blätter pro Baum,
- die Wahl des Unreinheitsmaßes für die Splits der Bäume,
- die Mindestanzahl der Fälle in einem Blatt,
- die Mindestanzahl der Fälle, für die noch ein Split durchgeführt werden darf,
- die Lernrate ϵ, welche die Zunahme des Modellfits mit jedem zusätzlichen Baum determiniert,
- die Größe der Substichprobe, welche für jeden Baum gezogen wird, oder
- die zu optimierende Loss-Funktion.

Viele der Hyperparameter überschneiden sich mit jenen des Random Forests, allerdings ist der sinnvolle Tuning-Bereich bei einigen ein anderer. So werden beispielsweise beim Random Forest tiefe Bäume gezogen, während die Bäume beim Gradient Boosting typischerweise sehr flach sind. Auch der Substichprobenparameter für jeden Baum unterscheidet sich vom Bootstrapping des Random Forests, da hier ein Anteil der Gesamtstichprobe angegeben wird – oft etwa 0,8 –, wodurch die Stichprobe für jeden individuellen Baum kleiner ist als die Gesamtstichprobe.

5.3 Boosting

Die Lernrate ϵ ist beim Boosting ein wichtiger Hyperparameter, um die Generalisierbarkeit des Modells zu steuern. Ein zu niedriges ϵ führt zu Underfit, ein zu hohes zu Overfit. Eine hohe Lernrate macht das Modell sehr flexibel (besonders in Kombination mit tiefen Bäumen), sodass im Lernverlauf, also mit steigender Anzahl an gezogenen Bäumen, der Loss für das Trainingsset deutlich verringert wird, der Loss für das Testset allerdings steigt. Dies ist vergleichbar mit den in Abschn. 2.3 illustrierten Verläufen für die steigende Komplexität der Polynome in der Regressionsanalyse.

5.3.5 Parameterinterpretation

Wie beim Random Forest sind trainierte Boosting-Modelle sehr komplex und die einzelnen Parameter schwierig direkt zu interpretieren. Allerdings können auch hier die in Kap. 6 beschriebenen modellagnostischen Methoden des interpretable Machine Learnings genutzt werden, um die Relevanz einzelner Features oder deren Interaktionen mit anderen Features zu schätzen.

Zusätzlich geben die Ergebnisse des Hyperparametertunings Aufschluss über die Datenstruktur. So ist die optimale Baumtiefe d ein guter Indikator für die Interaktionen von Variablen (wie zuvor beschrieben, ergibt sich die maximale Anzahl von Interaktionen durch $d - 1$), da die Residuen durch die gewählte Loss-Funktion am Ende jedes einzelnen Baumes evaluiert werden. Die Interpretation der Hyperparameter ist jedoch auch hier von der direkten Interpretation der Modellparameter zu unterscheiden.

5.3.6 Schritt für Schritt-Beispiel

In diesem Beispiel soll vorhergesagt werden, welche von zwei Fernsehserien Personen präferieren. Daraus ergibt sich ein kategoriales Target „Serienpräferenz" mit den Kategorien „Rick & Morty" und „South Park". Als Feature sind das Alter und die Haarfarbe der Personen bekannt und die Stichprobe hat eine Größe von $n = 8$.

Person	A	B	C	D
Serie	Rick & Morty	Rick & Morty	Rick & Morty	Rick & Morty
Alter	21	18	29	25
Haarfarbe	braun	blond	braun	braun

Person	E	F	G	H
Serie	South Park	South Park	South Park	South Park
Alter	29	31	33	22
Haarfarbe	schwarz	blond	schwarz	blond

Als Learner wählen wir die Boosting-Variante Adaboost, die nur dichotome Bäume (Stümpfe) nutzt. Wir erzeugen $t=3$ Stümpfe, sodass wir ein Mehrheitsvotum für alle Fälle generieren und sie eindeutig klassifizieren können. Als Homogenitätsmaß nehmen wir die Gini Impurity und berechnen die Homogenität der Stichprobe bezüglich des Targets:

$$GI_D = 1 - \sum_{j=1}^{1} 1 - p_{Serie.j}^2 = 1 - 0,5^2 - 0,5^2 = 0,5$$

Die Unreinheit (oder – je nach Blickwinkel – Homogenität) unseres Datensatzes D ist bezüglich des Targets „Serie" also $GI_D = 0,5$. Das ist die maximal mögliche Unreinheit bei zwei Kategorien, da in unserer Stichprobe jede Kategorie gleich häufig vertreten ist. Die $p_{Serie.j} = 0,5$ stellt die relative Häufigkeit beider Kategorien dar. Sie wird als Wahrscheinlichkeit p formuliert, weil die Wahrscheinlichkeit, diese Kategorie bei einer zufälligen Ziehung zu erhalten, genau 0,5 ist.

Nun berechnen wir die Abnahme in der Gini Impurity für alle möglichen Splits. Für das kategoriale Feature „Haarfarbe" ist der erste mögliche Split zwischen „blond" und „nicht blond". Drei Personen sind blond und fünf Personen braun- oder schwarzhaarig. Daher würde der Split in zwei Substichproben D_{blond} und $D_{nichtblond}$ der Größen $n_{blond} = 3$ und $n_{nichtblond} = 5$ resultieren. Für diese beiden Substichproben wird nun die Gini Impurity bezüglich des Targets „Serie" berechnet.

In der blonden Substichprobe präferieren zwei Personen „Rick & Morty" und eine Person „South Park". Daher ergibt sich der Gini Index:

$$GI_{blond} = 1 - 0,33^2 - 0,67^2 = 1 - 0,11 - 0,44 = 0,45$$

In der nicht blonden Substichprobe präferieren zwei Personen „Rick & Morty" und drei Personen „South Park":

$$GI_{nichtblond} = 1 - 0,4^2 - 0,6^2 = 1 - 0,16 - 0,36 = 0,48$$

Um nun die Veränderung der Impurity zu berechnen, die mit dem Split zwischen blonden und nicht blonden Personen einhergeht, gewichten wir beide Substichproben mit ihrer relativen Größe und ziehen die Impurity der Gesamtstichprobe von der gemeinsamen Impurity der beiden Substichproben ab:

$$\Delta GI_S = |GI_D - (\frac{3}{8}GI_{blond} + \frac{5}{8}GI_{nichtblond})| =$$

$$|0,5 - 0,47| = 0,03$$

Die Gini Impurity würde durch diesen Split also um 0,03 abnehmen. Diese Berechnung stellen wir nun ebenfalls für die beiden anderen Haarfarben an und erhalten für die drei möglichen Splits nach Haarfarbe folgende ΔGI_S:

Split	ΔGI	n_1	n_2
blond	0,03	3	5
braun	0,30	3	5
schwarz	0,17	2	6

Wie der Tabelle zu entnehmen ist, resultiert ein Split nach braunen versus nicht braunen Haaren mit $\Delta GI = 0,30$ in der größten Reduktion an Impurity. Für das zweite Feature Alter sind Splits zwischen allen verschiedenen Stichprobenwerten der Variable möglich. Da die Variable Verhältniskalenniveau hat und daher auch Information über die Ordnung (sowie Abstände und Größenverhältnisse) der Werte trägt, müssen die Personen zunächst in eine Rangreihe bezüglich des Alters gebracht werden:

Person	B	A	H	D
Serie	Rick & Morty	Rick & Morty	South Park	Rick & Morty
Alter	18	21	22	25
Haarfarbe	blond	braun	blond	braun

Person	C	E	F	G
Serie	Rick & Morty	South Park	South Park	South Park
Alter	29	29	31	33
Haarfarbe	braun	schwarz	blond	schwarz

Zum Split wird jeweils ein Wert zwischen zwei Stichprobenausprägungen (typischerweise genau die Mitte) gewählt, wodurch zwei Substichproben generiert werden, in denen die Featureausprägung größer beziehungsweise kleiner als der Splitwert ist. Die möglichen Splits sind in dieser Stichprobe also 19,5, 21,5, 23,5, 27, 30 und 32. Die resultierenden ΔGI_S werden wie beim kategorialen Feature Haarfarbe berechnet und sind:

Split	ΔGI	n_1	n_2
19,5	0,07	1	7
21,5	0,17	2	6
23,5	0,03	3	5
27	0,125	4	4
30	0,17	6	2
32	0,07	7	1

Da keiner der möglichen Splits nach Alter zu einer stärkeren Reduktion der Impurity führt, wird der Split nach braunen Haaren vorgenommen. Durch diesen werden alle bis auf eine Person der korrekten Serienpräferenz zugeordnet: Die Personen A, C und D haben braune Haare und gehören nun zu Substichprobe D_1, für die per Mehrheitsvotum eine Präferenz für Rick & Morty vorhergesagt wird (bei allen dreien korrekt), während Personen B, E, F, G und H zu Substichprobe D_2 gehören, für die per Mehrheitsvotum eine Präferenz für South Park vorhergesagt wird (nur bei Person B nicht korrekt). Da Adaboost nur Stümpfe mit einem Split verwendet, ist damit der erste Baum T_1 bereits fertiggestellt.

Welches Gewicht W_t (oft auch „Amount of say" genannt) der Baum bei der Gesamtvorhersage bekommt, hängt vom Vorhersagefehler $error_t \in [0, 1]$ ab, welcher den Anteil falsch vorhergesagter Target-Labels darstellt. Da in unserem ersten Baum nur ein Fall falsch vorhergesagt wird, ist dieser Fehler beim ersten Baum $error_1 = \frac{1}{8} = 0,125$. Sein Gewicht wird nach folgender Formel berechnet:

$$W_t = \frac{1}{2} \ln \frac{1 - error_t}{error_t}$$

Das Gewicht des ersten Baumes beträgt also:

$$W_1 = \frac{1}{2} \ln \frac{1 - 0,125}{0,125} = 0,97$$

5.3 Boosting

Da im folgenden Baum jene Fälle stärker beachtet werden sollen, die im ersten Baum fehlklassifiziert wurden, wird nun jedem Fall ein Gewicht zugewiesen. Dieses Gewicht berechnet sich aus der Kombination des Ausgangsgewichts mit dem Baumgewicht:

$$w_{it} = w_{i(t-1)} e^{k_i W_t}$$

mit

$$k_i = \begin{cases} 1, \text{ falls } i \text{ von } T_{t-1} \text{ nicht korrekt klassifiziert} \\ -1, \text{ falls } i \text{ von } T_{t-1} \text{ korrekt klassifiziert} \end{cases}$$

Weil die Gewichte beim ersten Baum gleichverteilt sind, ergibt sich bei unserer $n = 8$ Stichprobe ein Ausgangsgewicht von $w_{i1} = \frac{1}{8} = 0,125$. Damit resultieren nach dem ersten Baum Gewichte von 0,33 für Person B, deren Serienpräferenz falsch vorhergesagt wurde, und 0,05 für alle übrigen Personen, da diese korrekt klassifiziert wurden. Die Gewichte müssen nun noch normiert werden, damit sie sich wieder zu $\sum_{i=1}^{n} w_{it} = 1$ summieren. Dies wird erreicht, indem alle Gewichte durch ihre Summe geteilt werden. Die Summe ist in unserem Beispiel 0,66, wodurch sich ein genormtes Gewicht von 0,5 für Person B und 0,07 für die übrigen Personen ergibt. Damit ist der erste Durchgang vollständig und der zweite Baum kann generiert werden.

Für den nächsten Baum wird nun ein Bootstrap-Sample gezogen, in welchem die Wahrscheinlichkeit der Ziehung für jeden Fall seinem Gewicht entspricht. Nehmen wir nun an, unser Bootstrap-Sample für Baum T_2 wäre folgendes:

Person	E	D	E	B
Serie	South Park	Rick & Morty	South Park	Rick & Morty
Alter	29	29	29	18
Haarfarbe	schwarz	braun	schwarz	blond

Person	B	B	B	H
Serie	Rick & Morty	Rick & Morty	Rick & Morty	South Park
Alter	18	18	18	22
Haarfarbe	blond	blond	blond	blond

Da bei einem Bootstrap mit Zurücklegen gezogen wird, ist Person B mit dem Gewicht von 0,5 erwartungsgemäß häufig in das Sample eingegangen. Somit ist ihr Einfluss auf den zweiten Baum T_2, der auf Basis dieses Samples gezogen wird, entsprechend groß.

Für den zweiten Baum ergibt sich nun das höchste $\Delta GI = 0,28$ für einen Split nach Alter bei 20 Jahren. Person B landet hierdurch (viermal) in Substichprobe D_1 mit einem Alter von unter 20 Jahren. Für diese Substichprobe wird Rick & Morty vorhergesagt. Die übrigen Personen landen in Substichprobe D_2, für welche South Park vorhergesagt wird. Damit wird nur Person D (Substichprobe D_2, allerdings Präferenz für Rick & Morty) von diesem Baum fehlklassifiziert. Die übrigen Schritte zur Berechnung des Baumgewichts $W_2 = 0,97$ und der Ziehung eines neuen Bootstrap-Samples für den dritten Baum T_3 werden identisch zum Ablauf beim ersten Baum durchgeführt: Die Gewichte werden aktualisiert (Gewichte von Personen, die nicht im Bootstrap-Sample des zweiten Baumes waren allerdings nicht), danach werden alle Gewichte normiert und auf deren Basis das Bootstrap-Sample für T_3 gezogen. Angenommen das Bootstrap-Sample für den dritten Baum wäre in diesem Beispiel das folgende:

Person	D	F	B	B
Serie	Rick & Morty	South Park	Rick & Morty	Rick & Morty
Alter	25	31	18	18
Haarfarbe	braun	blond	blond	blond

Person	E	C	D	B
Serie	South Park	Rick & Morty	Rick & Morty	Rick & Morty
Alter	29	29	25	18
Haarfarbe	schwarz	braun	braun	blond

Im Anschluss wird für T_3 wieder der Split mit dem höchsten $\Delta GI = 0,16$ durchgeführt, was in diesem Fall jener zwischen Personen jünger als 30 Jahre (D_1) und älter als 30 Jahre (D_2) ist.[1] Durch diesen Split werden alle Personen

---

[1] Ein Split nach Haarfarbe „schwarz" würde ebenfalls in $\Delta GI = 0,16$ resultieren. In diesem Fall muss zufällig einer der beiden Splits gewählt werden. Hier fiel die Wahl auf den Split nach Alter.

5.3 Boosting

mit Präferenz für Rick & Morty in Substichprobe D_1 eingeordnet und Person F (Präferenz für South Park) in D_2. Nur Person E wird in der Bootstrap-Stichprobe von T_3 durch den Split also fehlklassifiziert.

Nun haben wir drei Bäume gezogen und können die Gesamtklassifikation aller Fälle durch den gesamten Wald durchführen (hier ist dies ein „Boosting-Wald", kein Random Forest). Zur finalen Klassifikation durch die Gesamtheit aller Bäume wird ein gewichtetes Mehrheitsvotum berechnet. Für jeden Fall wird das Votum jedes Baumes erstellt und mit dem Baumgewicht W_t multipliziert.

Person	Serie	Votum T_1	Votum T_2	Votum T_3	Summe	Klassifikation
A	Rick & Morty	0,97	0,97	0,97	2,91	korrekt
B	Rick & Morty	−0,97	0,97	0,97	0,97	korrekt
C	Rick & Morty	0,97	−0,97	0,97	0,97	korrekt
D	Rick & Morty	0,97	−0,97	0,97	0,97	korrekt
E	South Park	0,97	0,97	−0,97	0,97	korrekt
F	South Park	0,97	0,97	0,97	2,91	korrekt
G	South Park	0,97	0,97	0,97	2,91	korrekt
H	South Park	0,97	0,97	−0,97	0,97	korrekt

In diesem Beispiel haben alle drei Bäume ein identisches Gewicht von $W_1 = W_2 = W_3 = 0,97$. Folglich trägt kein Baum zur Vorhersage mehr bei als ein anderer, allerdings wurde durch den Bootstrap nicht jeder Fall von jedem Baum klassifiziert. Zur finalen Klassifikation wird jede Person durch jeden Baum klassifiziert. Ein korrektes Votum bekommt bei der Berechnung ein positives, ein inkorrektes Votum ein negatives Vorzeichen, sodass eine positive Summe ein korrektes Gesamtvotum bedeutet (alternativ wäre auch ein positiver Wert als Votum für eine Kategorie und ein negativer Wert als Votum für die andere Kategorie möglich). Für Person A fällt dieses Votum eindeutig aus, da sie von allen drei Bäumen (korrekt) als Rick & Morty Liebhaberin klassifiziert wurde. Person B, die zweimal korrekt die Präferenz für Rick & Morty, einmal fälschlich für South Park bekommt, erhält damit ein Votum von $-0,97$ für South Park und ein Votum von $2 \cdot 0,97 = 1,95$ für Rick & Morty. Somit ist das Gesamtvotum unserer Bäume korrekterweise Rick & Morty für Person B. Wie in der oben abgebildeten Tabelle zu sehen ist, werden alle Personen durch das Gesamtvotum der drei Bäume korrekt klassifiziert.

5.4 Support Vector Machines

5.4.1 Grundidee des Modells

Support Vector Machines (SVMs) wurden von Cortes und Vapnik (1995) als alternatives Klassifikationsverfahren entwickelt, welches die Einschränkungen klassischer Verfahren wie logistischer oder multinomialer Regressionen umgeht. Beispielsweise haben die genannten Regressionsverfahren Probleme mit perfekt linear trennbaren Klassifikationen, da in diesem Fall keine Varianz schätzbar ist und die Likelihood-Funktion des Modells kollabiert. In kleineren Datensätzen ist dies zwar selten problematisch, da perfekt linear trennbare Variablen nicht häufig vorkommen, allerdings ist dies bei hochdimensionalen Datensituationen mit $p >> n$, also deutlich mehr Variablen als Datenpunkten, nicht unwahrscheinlich. Solche breiten Datensätze entstehen häufig in den Bereichen Genetik und Medizin, sind aber durch die immer prävalenteren Analysen von Logdaten und Large-Scale-Studien auch in der Psychologie, der Soziologie und den Bildungswissenschaften keine Seltenheit mehr. In diesen Datensituationen zeigen SVMs ihre Stärken, da sie auf genau diesen linearen Trennungen basieren, die in hochdimensionalen Räumen möglich sind.

SVMs wurden für Kategorisierungen entwickelt, können allerdings ebenfalls auf Regressionsprobleme erweitert werden. Ihre Funktionsweise wird in diesem Abschnitt an Kategorisierungen illustriert, da die Idee der Unterteilung des Datensatzes anhand von Entscheidungslinien sehr gut an der Unterscheidung zwischen Kategorien zu erklären ist.

Sollen zum Beispiel mehrere Menschen dahingehend kategorisiert werden, ob sie in Nord- oder in Süddeutschland geboren wurden, wäre damit die Target Variable die Herkunftsregion, mit den beiden Labeln „Norddeutschland" und „Süddeutschland". Würden diese Menschen nun eine Stunde beobachtet und wären die Features die Anzahl der gesprochenen Wörter und die Anzahl der gegangenen Schritte in dieser Zeit, könnte man sie – wie in Abb. 5.9 dargestellt – auf einem kartesischen Koordinatensystem abtragen und die Ausprägungen der Target-Variable als unterschiedliche Symbole kennzeichnen. In der Abbildung ist zu erkennen, dass die beiden Kategorien anhand der Featureausprägungen linear trennbar sind. SVMs sind ein Weg, die „beste" Gerade zur Trennung der Ausprägungen zu finden. Zusätzlich bieten sie Optionen, auch dann eine Trennung zu vollziehen, wenn lineare Separierbarkeit der Datenpunkte nicht möglich ist. Dies macht sie zu einem sehr effektiven Instrument für Kategorisierungsprobleme.

SVMs identifizieren eine *Decision Boundary* (deutsch: *Entscheidungsgrenze*), durch die lineare Funktion $f(x) = \beta_0 + x\beta$, wobei x den Featurevektor und β den

5.4 Support Vector Machines

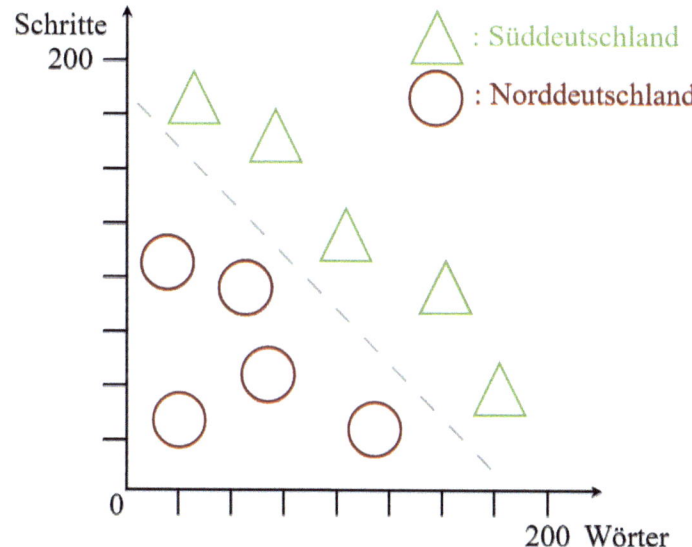

Abb. 5.9 Beispiel einer linearen Trennung zwischen den Geburtsorten Süddeutschland und Norddeutschland anhand der Features gesprochene Wörter und zurückgelegte Schritte (jeweils pro Stunde). *Abb. selbst erstellt*

Vektor der Gewichtungsparameter darstellt. Die summative Aneinanderreihung der Features erfolgt also genau so wie bei linearen Regressionsmodellen, allerdings mit dem Ziel der Bildung einer linearen Trennung statt der Vorhersage der Target-Werte. Da jedoch eine lineare Trennung selbst in hochdimensionalen Räumen selten die beste Variante darstellt, nutzen SVMs den sogenannten „Kernel Trick", um die vorhandenen Features trotzdem effizient zu nutzen.

Als Kernel Trick wird die Abbildung des n-dimensionalen Raumes in einen unendlich-dimensionalen Raum, in welchem die lineare Trennung möglich ist, verstanden. Man spricht hier deshalb von einem Trick, weil nur die Identifikation der Decision Boundary in diesem Raum durchgeführt wird und nicht die Werte selbst alle transformiert werden müssen. Ein Kernel ist eine mathematische Funktion, die die Struktur der Daten bei der Abbildung erhält. Ein Beispiel ist etwa die Transformation von einem zweidimensionalen Featureraum in einen dreidimensionalen Featureraum. Dies kann man sich bildlich als die Ausformung einer flachen Ebene/Scheibe zu einer Schüssel vorstellen. Während das Innere einer Kreisscheibe auf einer flachen Ebene nicht mit einer linearen Ebene/Gerade abgetrennt werden kann, ist dies bei einer Schüssel möglich. Die Kreisscheibe bildet dann den Boden der Schüssel, die außen liegenden Bereiche den oberen Rand. Die lineare Ebene kann nun den Rand vom Boden der Schüssel „abschneiden". Eine Anforderung an die Kerneltransformation ist, dass das Skalarprodukt der Featurewerte identisch bleiben muss. Dies ist essenziell, da das Skalarprodukt entscheidender Teil der Optimierungsfunktion ist. So bleibt das Optimierungsergebnis ebenfalls, obwohl die lineare Trennlinie in einem anderen Raum (typischerweise einem unendlichdimensionalen *Hilbertraum*) bestimmt wurde. Aufgrund der Transformation ist es für SVMs hilfreich, die Features zu normalisieren, damit eine Lösung effizient gefunden werden kann. Der am häufigsten genutzte Kernel bei SVMs ist die *Radial Basis Function (RBF)*. Allerdings ist die Menge der theoretisch möglichen Kernels unbegrenzt. Vier typische Kernel-Funktionen im SVM-Kontext sind:

- **Linear**: $K(x_1, x_2) = \langle x_1, x_2 \rangle$
- **Gaussian Kernel**: $K(x_1, x_2) = e^{-\frac{\gamma \|x_1 - x_2\|^2}{2\sigma^2}}$
- **Polynomial**: $K(x_1, x_2) = (x_1, x_2 + c)^d$
- **Radial Basis Function (RBF)**: $K(x_1, x_2) = e^{-\gamma \|x_1 - x_2\|^2}$

Bei den aufgeführten Kernel-Funktionen stehen x_1 und x_2 für zwei Vektoren. d im Polynomial Kernel steht für den Grad des Polynoms, c für eine additive Konstante. σ steht für die Standardabweichung beim Gaussian Kernel, γ für einen Parameter, der die „Breite" des Kernels bestimmt und ein wichtiger Teil des Hyperparametertunings bei SVMs mit einer RBF ist. Abb. 5.10 illustriert beispielhaft die Auswirkung der RBF auf drei Datenpunkte.

Im Anschluss an die Abbildung in den gewählten Raum, wird per Entscheidungsfunktion für jeden der n Datenpunkte x_i mit $i = 1, \ldots, n$ festgelegt, welcher Klasse er zugeordnet wird. Die Zuordnung erfolgt per Entscheidungsfunktion:

$$g(x) = \text{sgn}(f(x)) = \begin{cases} 1, & \text{falls } f(x) \geq 0 \\ -1, & \text{sonst} \end{cases}$$

Im Falle einer dichotomen Entscheidung trennt die Entscheidungsfunktion $g(x)$ die Datenpunkte durch die lineare Funktion $f(x)$ in zwei Bereiche. Punkten in einem Bereich wird der Wert „1" zugewiesen, Punkten im anderen Bereich der Wert „−1". Abb. 5.11 zeigt ein Beispiel einer linearen Entscheidungsfunktion.

Diese lineare Funktion beinhaltet – wie aus der linearen Regression bekannt – eine Konstante für die Parallelverschiebung $\beta_0 \in \mathbb{R}$ und einen Vektor $\beta \in \mathbb{R}^p$ mit

5.4 Support Vector Machines

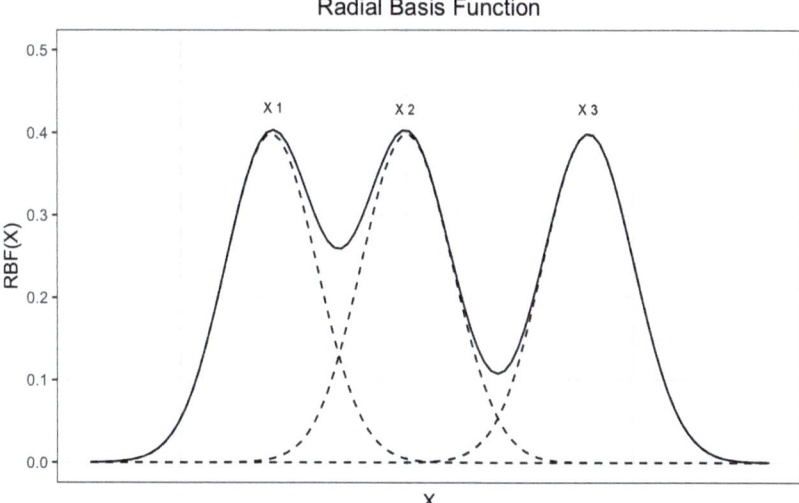

Abb. 5.10 Visualisierung einer Radial Basis Function für drei Datenpunkte x_1, x_2 und x_3. Die drei einzelnen Funktionen sind in gestrichelten, die Summe der Einzelfunktionen als durchgezogene Linie dargestellt. *Abb. selbst erstellt mit der Software R*

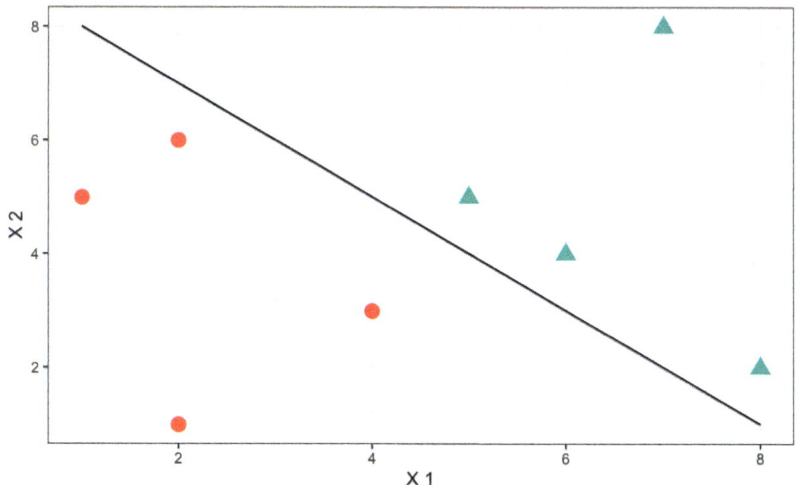

Abb. 5.11 Die lineare Entscheidungsfunktion $f(x)$ von SVMs trennt die Kategorien (Dreieck vs. Punkt) in zwei Bereiche, indem sie maximal weit von den Stützvektoren der nächsten Datenpunkte entfernt ist. *Abb. erstellt mit der Software R*

Steigungsgewichten für die Features. Für die oben beschriebene Entscheidungsfunktion stellt die Gerade die Featurewerte für den Funktionswert „0" dar, also $x|g(x) = 0$.
Offensichtlich gibt es viele Geraden, die diese Bedingung erfüllen. Gesucht ist allerdings jene, die auf der Mitte der optimal trennenden Hyperebene liegt und im Zuge der Modellschätzung gefunden werden muss. Sie ist auf Abb. 5.11 illustriert und ist genau dann „optimal", wenn der Abstand der beiden Ränder der Ebene maximal groß ist. Die Idee ist hier, dass die Klassen neuer Datenpunkte so ebenfalls möglichst gut vorhergesagt werden, da der Abstand der Trennlinie zu den Klassen maximal ist. Läge die Trennlinie nämlich sehr nahe an der ersten Klasse und weit weg von der zweiten, so wäre die Wahrscheinlichkeit, dass ein neuer Datenpunkt der zweiten Klasse auf der falschen Seite der Gerade liegt, größer. Es wird also die Trennlinie gesucht, die genau in der Mitte liegt, da sie den maximalen Abstand zu beiden Kategorien hat.

Der maximale Abstand zu den am nächsten an der Trennlinie liegenden Punkten muss bestimmt werden. Er wird in der Modellschätzung ermittelt und die Punkte, an welchen sich der Abstand orientiert (also die der Trennlinie am nächsten liegenden), dienen als jene *Support Vectors*, also *Stützvektoren*, denen der Ansatz seinen Namen verdankt.

5.4.2 Modellschätzung

Die Modellschätzung bei SVMs ist die Suche nach der optimalen Decision Boundary, welche die Entfernung zu den nächsten Punkten maximiert. Diese Entfernung ist die Euklidische Distanz (im orthogonalen Sinn), also der Abstand in Originalmetrik zur Hyperebene. Für einen Punkt x ist sie gegeben durch:

$$D_E = \frac{1}{\|\beta\|_2} f(x)$$

$\|\cdot\|_2$ ist die Euklidische Norm. Für einen Vektor $x \in \mathbb{R}^n$ ist sie definiert als $\|x\|_2 = \sqrt{x_1^2 + \ldots + x_n^2}$, d. h. die Wurzel der Summe der quadrierten n Vektorelemente. Somit ist für eine (trennende) Hyperebene die Distanz zu jedem Punkt x_i definiert durch:

$$D_E = \frac{1}{\|\beta\|_2} y_i f(x_i)$$

5.4 Support Vector Machines

Der Faktor $y_i \in \{-1; +1\}$ sorgt dafür, dass das Ergebnis des Produkts bei korrekter Klassifikation immer positiv ist, da y per Definition negativ wird, wenn $f(x)$ negativ ist und somit ein positives Produkt gebildet wird. Für $i = 1, \ldots, n$ ist die Distanz D_E am geringsten für jenes x_i, das am nächsten an der Hyperebene liegt. D_E wird als *Margin* (deutsch: *Spielraum* bzw. *Abstand*) bezeichnet.

Die Funktion der Entscheidungslinie (evaluiert an Punkt x_i) kann wie folgt geschrieben werden:

$$\hat{f}(x) = \hat{\beta}_0 + x'\hat{\beta}_0 = \hat{\beta}_0 + \sum_{i \in \mathcal{S}} \hat{\alpha}_i \langle x, x_i \rangle.$$

$\mathcal{S}$ steht hierbei für das *Support Set* und i ist der Index aller Punkte, die Teil des Support Sets sind. $\hat{\alpha}_i$ ist der Parameter für alle $i = 1, \ldots, I$. Vektoren, die Teil dieses Support Sets sind. $\langle \cdot, \cdot \rangle$ indiziert das Skalarprodukt.[2] Die Funktion beinhaltet also ein beliebiges x und dessen Skalarprodukt mit dem Support Vector Set.

Damit hängt die Funktion ausschließlich vom Skalarprodukt ab, was einen großen Vorteil für die Transformation der Daten in höherdimensionale Räume birgt. Für eine Lösung des Minimierungsproblems muss nicht die gesamte Funktion bekannt sein, sondern nur das Ergebnis der Transformation des Skalarprodukts. Für eine Funktion $h(x)$ kann also für jedes x das Skalarprodukt $\langle h(x), h(x_i) \rangle$ berechnet werden. Hierfür müssen nicht einmal $h(x)$ oder $h(x_i)$ bekannt sein. Wenn eine effiziente Berechnung möglich ist, kann nun ebenso leicht die Lösung der Minimierung gefunden werden wie im untransformierten Raum. Diese effizienten Lösungen werden durch Kernel-Funktionen begünstigt – das ist der eingangs beschriebene Kernel-Trick. Er ist im elektronischen Appendix mathematisch illustriert.

Verschiedene Kernel-Funktionen wurden genau dafür entwickelt, Berechnungen in höherdimensionale Räume zu verlegen und sie effizient durchzuführen. Außerdem haben die Kernel-Funktionen in vielen Fällen eigene Parameter, welche zum Tuning verwendet werden können (wie der Parameter λ der RBF, welcher die Passung an die Daten steuert). Die resultierenden Minimierungen können durch Einsetzen des Skalarprodukts erreicht werden, wie hier an der RBF $K(x, x_i) = e^{-\gamma \|x - x_i\|^2}$ illustriert, die wie ein Skalarprodukt funktioniert:

---

[2]Dass $\hat{\alpha} \neq 0$ nur für alle $i \in \mathcal{S}$ gilt, liegt an *Lagrange Multiplikatoren*, die als Nebenbedingungen in die Minimierung eingehen. Da deren Herleitung an dieser Stelle zu weit führen würde, sei hierzu auf die Beschreibung des optimalen Hyperplane-Algorithmus in Cortes und Vapnik (1995) verwiesen.

$$\hat{f}(x) = \hat{\alpha}_0 + \sum_{i \in S} \hat{\alpha}_i K(x, x_i)$$

In diesem Beispiel ist es schlicht eine Folge von Radialfunktionen, d. h. wellenförmigen Funktionen, welche aus der Modellierung der Verteilung von Teilchen in der Physik bekannt sind, zentriert auf den Punkten des Datensatzes. Ist der Radius groß, „verschmelzen" mehrere Punkte zu einer Fläche.

Wie zu Beginn dieses Kapitels beschrieben, funktionieren SVMs insbesondere in breiten Datensätzen, also mit vielen Features im Vergleich zu Fällen sehr gut – sogar so gut, dass eine exakte Trennung eine große Gefahr des Overfittings birgt. Aus diesem Grund werden häufig *Soft-Margin-Klassifizierer* genutzt, welche auch Datenpunkte einbeziehen, die nicht direkt auf den Margins liegen. Sie wurden von Cortes und Vapnik (1995) entwickelt, um übertriebene Anpassung an die Trainingsdaten zu vermeiden und somit die Generalisierbarkeit der Lösung zu erhöhen. Der maximale Abstand der einbezogenen Punkte zum jeweiligen Margin wird über den Parameter λ festgelegt. Die Breite der Margins und die Penalisierungsparameter λ spielen eine integrale Rolle bei Optimierung und Tuning von SVMs.

5.4.3 Optimierung

Wie in Abb. 5.12 illustriert, definiert jeder Margin eine Parallele zur Decision Boundary, welche durch die Orientierung an den der Boundary am nächsten liegenden Punkten, also dem Set der Support Vektoren S, maximiert wird. Über die Euklidische Distanz der Datenpunkte zur Decision Boundary lässt sich die Maximierung der Margins wie folgt definieren:

$$\max_{\beta_0, \beta} M \text{ mit } \frac{1}{\|\beta\|_2} y_i (\beta_0 + x'\beta) \geq M, i = 1, \ldots, n$$

Diese Formel lässt sich umstellen zu:[3]

$$\min_{\beta_0, \beta} \|\beta\|_2 \text{ mit } y_i (\beta_0 + x'\beta) \geq 1, i = 1, \ldots, n$$

---

[3]Tatsächlich wird aufgrund der einfacheren Differenzierbarkeit eigentlich $\frac{1}{2}\|\beta\|_2^2$ minimiert, was allerdings, da es eine monotone Transformation ist, zur identischen Lösung führt.

5.4 Support Vector Machines

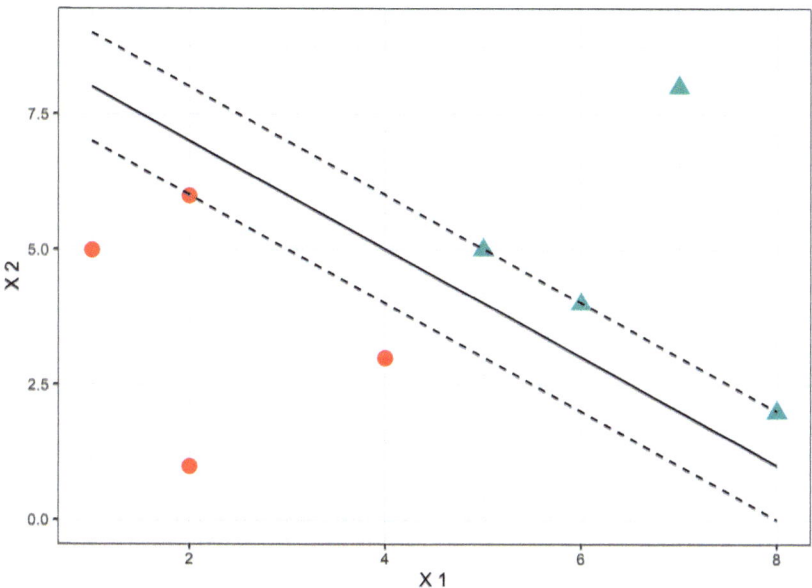

Abb. 5.12 SVM Entscheidungsfunktion. Das Set $\mathcal{S}$ der Support Vektoren besteht aus einem Punkt (ganz links) und drei Dreiecken, die alle direkt auf den Margins der Entscheidungsfunktion liegen. *Abb. selbst erstellt mit der Software R*

Da die Entscheidungslinie nur vom Support Set $\mathcal{S}$ abhängig ist, kann definiert werden:

$$\hat{\beta} = \sum_{i \in \mathcal{S}} \hat{\alpha}_i x_i$$

Alle Datenpunkte, die nicht Teil von $\mathcal{S}$ sind, werden also zur Bestimmung der Gerade überflüssig: Der Parameter α wird für sie aufgrund einer mathematischen Nebenbedingung automatisch zu null. Der Grund hierfür ist, dass die Breite des Margins ausschließlich vom Skalarprodukt des Support Sets $\mathcal{S}$ und dem Einheitsvektor $\beta/\|\beta\|$ abhängig ist. Eine ausführlichere Beschreibung der mathematischen Hintergründe der hier aufgeführten Gleichungen geben Shalev-Shwartz und Ben-David (2014). Abb. 5.12 zeigt ein Support Set $\mathcal{S}$ der Größe $n = 4$ für die Margins und die zentrale Entscheidungslinie.

Bei den im vorherigen Abschnitt beschriebenen Soft-Margin-Klassifizierern wird die ausschließliche Abhängigkeit von S aufgeweicht, indem die Ungleichung um ϵ verringert wird:

$$\min_{\beta_0, \beta} = \|\beta\|_2 \text{ mit } y_i(\beta_0 + \beta x') \geq 1 - \epsilon_i,$$

$$\epsilon_i \geq 0, i = 1, 2, \ldots, n \text{ und } \sum_{i=1}^{n} \epsilon_i \leq B$$

B quantifiziert das „Budget" für den Abstand zum Margin: Ein größeres B führt zu weicheren Margins, während ein kleines B weniger Spielraum lässt. Praktischerweise kann ein Soft-Margin-Klassifizierer auch als klassische Loss-Penalty-Funktion formuliert werden, wie sie aus Abschn. 5.1 bekannt ist:

$$\min_{\beta_0, \beta} = \sum_{i=1}^{n}[1 - y_i(\beta_0 + \beta x)] + \lambda \|\beta\|_2^2$$

Der Parameter λ legt hierbei – vergleichbar mit B bei der oberen Formulierung – die Stärke der Penalisierung fest: Je größer λ, desto weiter können die einbezogenen Punkte entfernt sein. Für $\lambda = 0$ reduziert sich die Gleichung auf die exakte Lösung. Die händische Berechnung einer Decision Boundary benötigt Grundkenntnisse in Matrixalgebra, kann aber für das Verständnis einer SVM sehr hilfreich sein. Ein Schritt für Schritt-Beispiel findet sich daher im elektronischen Appendix.

5.4.4 Tuning

Beim Hyperparametertuning von SVMs wird an wenigen, aber sehr wirkungsvollen Zahnrädern gedreht. Der kernelunabhängige Parameter C für die Soft-Margin Klassifikation kann getuned werden. Er addiert eine Penalisierung für jeden fehlklassifizierten Datenpunkt, stellt also eine negative Version des zuvor beschriebenen Budgets B dar. Für ein kleines C ergeben sich große Margins, denn die Fehlklassifikation einzelner Punkte fällt bei der Optimierungsfunktion nicht stark ins Gewicht. Umgekehrt werden Margins bei kleinem C deutlich schmaler, da fast keine Fehlklassifikationen zugelassen werden. C ist also umgekehrt proportional zur Distanz der Margins von der Entscheidungslinie.

5.4 Support Vector Machines

Statt C könnte auch B getuned werden, was allerdings selten erfolgt, da C interpretativ ähnlich dem Penalisierungsparameter λ ist. Praktischerweise kann die Optimierungsfunktion von SVMs – wie im vorherigen Abschnitt beschrieben – auch als klassische Loss-Penalty-Funktion formuliert werden, sodass λ statt C getuned wird, dessen Interpretation identisch ist.

B, C und λ sind unterschiedliche Ansätze an derselben Stellschraube: der Penalisierung von Missklassifikation. Welcher der Parameter zur Verfügung steht, hängt von der genutzten Software ab, jedoch ist das Tuning der Penalisierung in jedem gängigen Programm möglich.

Welche weiteren Parameter getuned werden können, hängt vom eingesetzten Kernel ab. Bei einem linearen Kernel gibt es beispielsweise keine weiteren Parameter, die getuned werden können. Allerdings sind die Kernel selbst ein Tuningparameter: Im Zuge des Parametertunings können verschiedene Kernel eingesetzt und deren Parameter systematisch variiert werden. Dies bietet eine praktisch unendlich große Menge an möglichen Tuningparametern. Da allerdings die RBF die gewöhnlicherweise eingesetzte Kernelfunktion ist, wird hier deren Tuningparameter γ behandelt.

Wie aus der Formel ersichtlich wird $-\gamma$ mit der quadrierten Distanz der Datenpunkte multipliziert. Dies hat zur Folge, dass γ die Ähnlichkeit der Datenpunkte innerhalb einer Klasse beeinflusst. Ein hohes γ zieht die Boundary um die Klassen zusammen (dies geht aufgrund der Transformation in einen anderen mathematischen Raum). Der Effekt des Tunings von γ auf die Decision Boundaries ist in Abb. 5.13 illustriert.

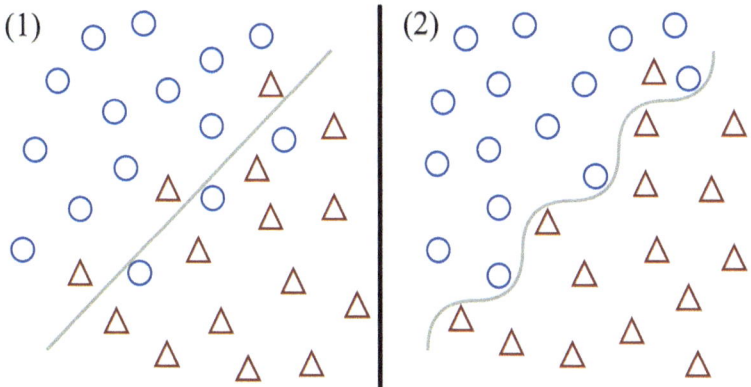

Abb. 5.13 (1) SVM Entscheidungsfunktion mit niedrigem γ und (2) hohem γ im Radial Basis Function-Kernel (RBF-Kernel). Dreiecke werden von Punkten durch die Entscheidungsfunktion etwa diagonal getrennt. *Abb. selbst erstellt*

5.4.5 Parameterinterpretation

Die Parameter von SVMs sind trotz des mathematisch vergleichsweise kreativen Vorgehens mit dem Kernel Trick ziemlich klar interpretierbar: Die Features spannen den Raum auf, durch den sich die Trennlinie mit einer Horizontalverschiebung β_0 und der p-dimensionalen Steigung β zieht. Die weiteren Parameter beeinflussen den Abstand der Margins von der Entscheidungslinie.

Zusätzlich sind auch einige Hyperparameter direkt interpretierbar: Wie beschrieben gibt der Hyperparameter C (oder wahlweise B bzw. λ) die Penalisierung für eine Fehlklassifikation an. Sie interagiert allerdings mit potenziellen kerneleigenen weiteren Parametern. Im Falle des RBF-Kernels sorgt ein sehr großes γ dafür, dass der Effekt von C vernachlässigbar wird, da die Kategoriengrenzen so eng um die Datenpunkte gezogen werden, dass eine Verbreiterung des Margins keine große Auswirkung mehr hat.

5.5 Neuronale Netzwerkmodelle

5.5.1 Grundidee des Modells

Neuronale Netzwerkmodelle, auch *artificial Neural Networks* (aNNs) genannt, sind eine breite Klasse von Modellen, die das sogenannte *Deep Learning* definieren, welches sich in den letzten 15 Jahren als Oberbegriff etabliert hat. Wie zu Beginn dieses Buchs beschrieben, gibt es unterschiedliche Arten von ML wie Reinforcement Learning oder nicht-supervidiertes Lernen, welche besonders im Bereich des Deep Learnings praktiziert werden. An dieser Stelle sei allerdings noch einmal daran erinnert, dass sich das vorliegende Buch ausschließlich mit supervidiertem Lernen befasst – in diesem Kapitel also mit supervidiertem Deep Learning. Dieses kann für jegliche Vorhersageaufgabe genutzt werden, hat seine Stärken allerdings in vergleichsweise komplexen Tasks wie Schrift-, Bild- oder Spracherkennung.

Obwohl verschiedenste Spielarten von aNNs existieren, haben alle eine ähnliche Grundarchitektur: Sie zeichnen sich durch mehrere verbundene Schichten von schwachen Learnern aus. Die Arten der Schichten, Schichtungen und Verbindungen sind hierbei Unterscheidungskriterien zwischen den Modellen. Die große Anzahl einzelner Learner und die hohe Interkonnektivität geben den Netzwerken – besonders in grafisch aufbereiteter Form – eine Ähnlichkeit mit biologischen Neuronenansammlungen, denen sie ihren Namen verdanken.

5.5 Neuronale Netzwerkmodelle

Die Entwicklung der aNNs begann bereits in den 1980er-Jahren. Sie wurden als „Universaloptimierer" beschrieben – hochparametrisierte Modelle, die dem menschlichen Gehirn nachempfunden waren. Die Modelle wurden konzipiert, um in der Lage zu sein, mit ausreichend Daten jeden existierenden Zusammenhang zu lernen. Obwohl mittlerweile eine Vielzahl verschiedener Funktionstypen existiert, sind alle vergleichsweise simpel in ihrer Funktionsweise und fast ausschließlich im Netzwerk sinnvoll zu gebrauchen. Jede dieser Funktionen wird im Modell als *Unit* (deutsch: *Einheit*) bezeichnet. Das Modell definiert sich durch die Gesamtheit aller Einheiten und ihrer Verbindungen.

Die einzelnen Units in aNNs werden in *Layern* (deutsch: *Schichten*) zusammengefasst, sodass ein Layer immer nur einen Funktionstyp enthält. Unabhängig von den individuellen, in ihnen zusammengefassten Funktionstypen werden grundsätzlich drei Arten von Layern unterschieden, welche in ihrer Aufteilung der Input-Verarbeitung-Output-Logik von aNNs entsprechen:

- **Input-Layer**: In diesen Layer gehen die Features ein, welche das aNN nutzt, um die Target-Variable vorherzusagen.
- **Hidden-Layer**: Hidden Layer werden jene Schichten genannt, die zwischen Input und Output des aNNs liegen. Sie stellen normalerweise den mit Abstand größten Anteil der Layer eines Netzwerks dar.
- **Output-Layer**: der Layer, welcher die vorhergesagten Werte für die Target-Variable abbildet.

Abb. 5.14 zeigt die drei Layertypen und ihren Zusammenhang grafisch. Die Logik dieser Unterscheidung ist, dass die Features in ein Input-Layer eingespeist werden, welches ihre Werte adäquat verarbeiten kann. Die durch das Input-Layer aufgenommene Information wird durch eine Reihe weiterer (Hidden-)Layer verarbeitet und schließlich an das Output-Layer geleitet, welches sie dann in eine Vorhersage für das Target umwandelt. Während die Funktionen der Hidden- und Input-Layer flexibel wählbar sind, müssen die Output-Layer dem Target entsprechen. Bei einer Klassifikation beschreiben die Einheiten, also die *Neuronen*, des Output-Layers wie bei einer logistischen Regression sigmoide Funktionen. Wenn die Zielvariable mehr als eine Kategorie hat, kann für jede von diesen ein Neuron genutzt werden, um mit je einer eigenen sigmoiden Funktion die Wahrscheinlichkeit für die jeweilige Kategorie anzuzeigen. Bei einer Regression hängt die Output-Funktion ebenfalls direkt vom Target ab. Hier kommt es beispielsweise darauf an, ob es sich um Zähldaten oder eine normalverteilte Variable handelt. Die Output-Funktion formt dabei die Funktionswerte der Hidden-Layer jeweils so um, dass sie der Verteilung der Target-Variable entsprechen. Gibt etwa das letzte

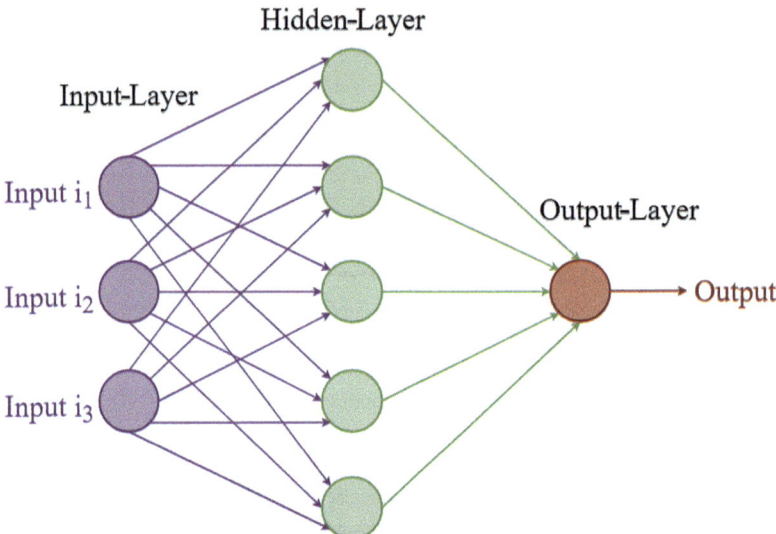

Abb. 5.14 Ein neuronales Netzwerkmodell mit drei Layern: Links ist das Input-Layer mit drei Neuronen, in der Mitte das Hidden-Layer mit fünf Neuronen und rechts das Output-Layer, welches nur aus einem Neuron besteht. Die Pfeile stehen für die Verbindungen zwischen den einzelnen Neuronen. *Abb. selbst erstellt angelehnt an ein Beispiel in Efron und Hastie (2016)*

Hidden-Layer stetige Werte auf $\mathbb{R}$ aus und ist die Target-Variable eine dichotome Variable, kann eine logistische Funktion genutzt werden, um die Werte aus $\mathbb{R}$ auf das Intervall [0, 1] abzubilden, welches dann wiederum per Cut-Off (z. B. Vorhersage = 1, wenn Wert >0,5) in die dichotomen Werte 0 und 1 umgewandelt wird.

Wenn die Target-Variable mehr als zwei Kategorien oder numerische Werte hat, kann ein Output-Vektor aus der Gesamtheit der Output-Neuronen gebildet werden, bei einer dichotomen Kategorisierung oder nur einem numerischen Wert für jede Target-Variable gibt ein einzelnes Neuron einen Skalar aus. Wird eine *Softmax*-Funktion im Output-Layer verwendet, kann ein einzelnes Neuron multikategoriale Klassifizierung liefern, indem es einen Vektor mit Wahrscheinlichkeiten für alle Klassen liefert.

Sollen mit einem aNN beispielsweise handschriftliche Ziffern erkannt werden, müsste das Input-Layer mit Bildern von handgeschriebenen Zahlen gespeist werden. Die Neuronen würden hierbei jeden Pixel einzeln einlesen. Obwohl schwierig zu erfassen ist, was genau im Inneren des Modells passiert, wäre eine plausible Möglichkeit, dass von Layer zu Layer aus diesen Pixeln immer größere Bestandteile der Zahlen zusammengesetzt werden. Im ersten Hidden-Layer könnten beispielsweise Kanten erkannt werden, in späteren Layern dann Linien oder Halbkreise und in noch späteren ganze Kreise und Ecken. Im Output-Layer würden dann all diese elementaren Bestandteile von geschriebenen Ziffern zusammengesetzt werden und jedes Output-Neuron gäbe die Wahrscheinlichkeit für eine Ziffer an. Da es zehn Ziffern gibt, hätte dieses aNN zehn Output-Neuronen und jedes stünde für eine Ziffer. Der Output bestünde somit aus zehn Wahrscheinlichkeiten und die höchste dieser zehn kennzeichnete die vorhergesagte (bzw. erkannte) Ziffer.

5.5.2 Modellschätzung

Die Unterscheidung zwischen Input-, Hidden- und Output-Layern wird auch auf die Units eines aNNs übertragen, sodass zwischen Input-Units i_j mit $j = 1, \ldots, J$, Hidden-Units h_k mit $k = 1, \ldots, K$ und Output-Units o_l mit $l = 1, \ldots, L$ unterschieden werden kann. Für das Beispiel aus Abb. 5.14 von genau drei Layern mit $J = 5$ Input-Neuronen, $K = 6$ Neuronen im Hidden-Layer und $L = 1$ Neuron im Output-Layer ergibt sich dann die allgemeine funktionale Verbindung durch:

$$h_k = g(w_{k0}^{(1)} + \sum_{j=1}^{5} w_{kj}^{(1)} i_j)$$

und

$$o_l = h(w_0^{(2)} + \sum_{k=1}^{6} w_k^{(2)} h_k)$$

An diesen zwei allgemeinen Darstellungsformen der Kommunikation zwischen den jeweiligen Layern sind zwei Typen von Parametern zu erkennen, die wie in der linearen Regression als Intercept $w_{k0}^{(1)}$ beziehungsweise $w_0^{(2)}$ und Neuronengewichte $w_{kj}^{(1)}$ beziehungsweise $w_k^{(2)}$ interpretiert werden können. Der Intercept wird bei aNNs *Bias* genannt und beeinflusst die Aktivierungsfunktion $g(\cdot)$ beziehungsweise $h(\cdot)$ als additive Konstante. Die hochgestellten (1) beziehungsweise (2) stehen für das Layer, aus dem die Information kommt. Jedes Neuron bekommt als Information (bzw. Input) also einen Wert bestehend aus den Produkten der gewichteten Werte aller mit ihm verbundenen Neuronen aus dem vorherigen Layer und addiert seinen Bias. Dieser „lineare Prädiktor" geht dann in die Aktivierungsfunktion ein (im Beispiel $g(\cdot)$ im Hidden-Layer und $h(\cdot)$ im Output-Layer), um den Wert zu produzieren, der an den nächsten Layer weitergegeben wird oder den Modelloutput definiert. Es existiert eine Vielzahl von Aktivierungsfunktionen. Welche Funktion in welchem Layer eingesetzt wird, hängt von mehreren Faktoren ab, unter anderem vom Input-Datentyp, sowie beim Output-Layer von der Target-Variable. Typische Aktivierungsfunktionen von aNNs sind im elektronischen Appendix aufgeführt.

5.5.3 Optimierung

Wie aus den Aktivierungsfunktionen ersichtlich, lernt jede Unit, also jedes Neuron, die Parameterausprägungen einer relativ simplen Funktion. Da die Funktionen aller Units für die Vorhersage kombiniert werden, werden aNNs typischerweise mit nur einer (regularisierten) Likelihood-Funktion gefittet. Die Maximierung der Likelihood entspricht der Minimierung der regularisierten Loss-Funktion $L[y_i, f(x_i; W)]$:

$$\min_{W} \left(\frac{1}{n} \sum_{i=1}^{n} L[y_i, f(x_i; W)] + \lambda G(W) \right)$$

Hierbei steht W (die sogenannte *Weight Matrix*) für die Gesamtheit der Gewichte, λ für den Penalisierungsparameter und $G(\cdot)$ für eine arbiträre nicht-negative Penalisierungsfunktion, wie von regularisierten Regressionsmodellen bekannt. Wird wie in der Ridge-Regression eine quadratische Penalisierungsfunktion eingesetzt, ergibt sich:

$$G(W) = \frac{1}{2} \sum_{j=1}^{J-1} \sum_{k=1}^{p_j} \sum_{l=1}^{p_{j+1}} (w_{kl}^{(j)})^2$$

Für alle p_j Neuronen eines Layers j werden die Gewichte w_{kl} für die Verbindungen zu Layer p_{j+1} einbezogen. Dies ist eine allgemeinere Schreibweise als im Beispiel weiter oben, bei dem es nur eine feste Anzahl von Layern gab. Aus diesem Grund steht der hochgestellte Index (j) hier für das Layer. Das Output-Layer ist durch $J - 1$ nicht Teil der Penalisierung da J die Gesamtzahl der Layer angibt.

5.5 Neuronale Netzwerkmodelle

Neben der einfachen und übersichtlichen Darstellbarkeit der Modelle hat die Schichtung der Funktionen den Vorteil, dass die Optimierung des Modells das Prinzip der Kettenregel ausnutzen kann. Die Parameteroptimierung setzt normalerweise die Ableitung nach allen Parametern „gleichzeitig" voraus. Diese Ableitungsfunktion wird dann minimiert. Nach der Kettenregel gilt für die Differenzierung geschachtelter Funktionen allerdings:

$$f(x) = g(h(x)) \to f'(x) = g'(h(x)) \cdot h'(x)$$

Somit muss das Modell zur Optimierung nicht nach allen Parametern gleichzeitig abgeleitet werden, die ineinander verschachtelt sind. Es kann praktischerweise Layer für Layer nacheinander „auseinandergezogen" und optimiert werden.

Die Notation in Layern macht es möglich, das Modell geschachtelt in rekursiver Form zu beschreiben. Durch Anwendung der Kettenregel können dann der Gradient bestimmt und das Modell entsprechend optimiert werden. Die Rekursivität, also die wiederholte Anwendung der geschachtelten Funktionen, ist essenziell für das Prinzip der *Backpropagation* (Rumelhart et al., 1986), welches die Optimierung von aNNs revolutioniert hat.

Backpropagation beschreibt das Prinzip des Gradient Descent in einem aNN. Der zu minimierende Gradient ist jener der Loss-Funktion, welche die Parameter aller Units des Modells beinhaltet. Zur Bestimmung des Gradienten muss also $L[y, f(X, W)]$ bezogen auf die Gewichte W für jeden Datenpunkt bestimmt werden. Da die Loss-Funktion die Summe dieser Datenpunkte beinhaltet, ist auch der Gesamtgradient die Summe der individuellen Gradienten der Datenpunkte. Der resultierende Algorithmus für Backpropagation ist im elektronischen Appendix beschrieben.

Der revolutionäre Aspekt der Backpropagation ist, dass durch diese schrittweise Aneinanderreihung der Ableitungen ein relativ einfacher Gradient Descent oder einer seiner Spielarten (siehe Kap. 4) möglich ist. Bei ausreichender Rechenleistung können so beliebig komplexe Netzwerke effizient optimiert werden. Der beschriebene Optimierungsprozess wird bei aNNs mehrfach wiederholt; bei jeder Wiederholung werden die Parameter des Modells angepasst – ein sogenanntes *Update* des Modells. Die Anzahl der Wiederholungen wird durch zwei Parameter bestimmt:

- **Epochen**: Die Anzahl der Epochen steht für die Anzahl der Durchläufe, die der Trainingsdatensatz durch das aNN nimmt: Bei 20 Epochen wird der Datensatz zwanzigmal vollständig in das Modell gespeist, um das Modell schrittweise mit jedem Durchlauf besser an die Daten anzupassen.

- **Batch Size**: Beim Training von aNNs wird der Trainingsdatensatz in sogenannte *Batches* (deutsch: *Bündel*) unterteilt, die nacheinander durchlaufen werden. Der Loss wird direkt nach dem Durchlauf für dieses Batch ermittelt und anhand dessen wird der Gradient Descent durchgeführt. Wird beispielsweise ein Batch Size von $B = 30$ bei einem Trainingsdatensatz der Größe $n = 300$ festgelegt, werden die Parameter des Modells in jeder Epoche zehnmal angepasst.

Diese beiden Parameter definieren, wie die Daten in das Input-Layer eines aNN gespeist werden. Was in den weiteren Layern mit der Information geschieht, hängt sowohl von der Größe als auch vom Typ der Layer ab. Neben den bisher beschriebenen allgemeinen Layern hat sich mittlerweile eine Vielzahl spezifischer Layertypen etabliert, von denen einige wie sogenannte *Dropout-Layer* zur Vermeidung von Overfit für fast alle Modellierungsprobleme genutzt werden. Wieder andere wie *Convolutional-* und *Pooling-Layer* werden meist für spezifische Probleme wie Bilderkennung genutzt. Die folgende Liste zeigt eine Auswahl an aNN-Layertypen:

- **Fully Connected**: Voll verbundene Layer werden aufgrund ihrer dichten Verbindungen häufig auch *Dense*-Layer genannt. Jedes Neuron in diesem Layer ist mit jedem Neuron im nächsten Layer verbunden. Fast jedes aNN hat Layer dieses Typs, allerdings sind sie computational relativ teuer, da sie sehr viele Parameter beinhalten.
- **Dropout**: Dropout-Layer wählen einen vorher festgelegten Anteil $p \in (0, 1)$ der Neuronen aus dem vorangegangenen Layer aus und ignorieren deren Information. Dies hat zur Folge, dass die Anpassung des Modells an die Trainingsdaten sinkt und somit die Gefahr von Overfitting reduziert wird. Welche Neuronen nicht weiter in das Feed-Forward des Netzwerks gespeist werden, wird in jedem Batch zufällig neu bestimmt.
- **Convolutional**: Konvolutionale Layer reduzieren Information, indem sie mit *Filtern* (in diesem Kontext auch Kernel oder Feature Detektoren genannt) die Information mehrerer Datenpunkte zusammenfassen. Dies bedeutet beispielsweise, dass sie mehrere Pixel auf einem Bild zu einem „zusammenfalten". Auf diesem Wege weisen sie idealerweise zusammengehöriger Information einen gemeinsamen Wert zu.
- **Embedding**: Dieser Layertyp ist – dem Namen gemäß – für den Prozess des *Embeddings* in aNNs zuständig. Er bildet also hochdimensionalen Input wie Bilder oder Texte in einen Raum geringerer Dimension ab. Ein klassisches Beispiel ist die Reduktion der Information bei Textverarbeitung: Wörter und Sätze werden hier oft per Dummy- oder One-Hot-Kodierung in sehr großen

5.5 Neuronale Netzwerkmodelle

Vektorräumen repräsentiert. In einem Embedding-Layer wird jedes dieser Wörter in einen niedriger-dimensionalen Raum transformiert, der allerdings (spätestens nach dem Training) die Beziehungen der Wörter zueinander durch seine Dimensionen repräsentiert.

- **Pooling**: Pooling-Layer reduzieren die Größe des Inputs, allerdings auf andere Art als Convolutional Layer. Sie reduzieren die Anzahl der Parameter und wirken Overfitting entgegen. Die gängigste Variante, sogenanntes „Max Pooling", verkleinert eine zuvor festgelegte Anzahl von s Datenpunkten auf einen. Dieser hat die Form des höchsten Input-Gewichts der s Datenpunkte. So wird die Komplexität der Information reduziert und gleichzeitig die relevanteste Information erhalten. Andere Versionen kombinieren nebeneinander liegende Datenpunkte auf andere Art. Average Pooling weist beispielsweise den s Datenpunkten ihren Durchschnitt zu und gibt diesen an das nächste Layer weiter.
- **Normalization**: Wie bereits der Name verrät, normalisiert dieses Layer die vom vorherigen Layer weitergegebene Aktivierung, bevor sie an das nächste Layer übergeben wird. Normalisierungslayer reduzieren somit die Varianz der Information und stabilisieren die Vorhersage, indem sie diese weniger volatil machen. Die Lernkurve wird dadurch glatter und es werden tendenziell weniger Epochen für vergleichbar gute Vorhersagen benötigt.
- **Recurrent**: Rekurrierende Layer zeichnen sich durch eine Schleife aus. Diese ist eine Funktion, die zusätzlich zum Input aus dem vorangegangenen Layer den Output der vorangegangenen Aktivierung in die aktuelle Layer-Aktivierung einspeist. Sie formen die Basis von *recurrent Neural Networks* (*rNNs*), welche eine Unterart von aNNs sind. rNNs sind insbesondere für Sprach- und Textverarbeitung sowie allgemeine Zeitreihenanalysen geeignet.

Da komplexe, hochparametrisierte aNNs sich oft perfekt an die Trainingsdaten anpassen können, muss der Tendenz zu Overfit aktiv gegengesteuert werden. Neben den erwähnten Dropout-Layern wird im Rahmen der Modelloptimierung beim Gradient Descent eine Lernrate $\alpha \in (0, 1]$ festgelegt, welche in Kombination mit einem Penalisierungsterm λ genutzt wird, um das upgedatete Gewicht $W^{*(j)}$ zu erhalten:

$$W^{*(j)} = W^{(j)} - \alpha(\Delta W^{(j)} + \lambda W^{(j)}), j = 1, \ldots, J - 1$$

Sowohl α als auch λ sind typische Tuningparameter, die im folgenden Abschnitt näher beschrieben werden.

5.5.4 Tuning

Durch die extreme Flexibilität in ihrer Ausgestaltung verschwimmt die Trennlinie zwischen Modellierung und Tuning bei aNNs im Vergleich zu anderen Learnern. Beispielsweise ist die konkrete Architektur von aNNs ein wichtiger Teil des Tunings und resultiert in Algorithmen, bei denen nicht nur die typischen Hyperparameter getuned werden, sondern die globale Modellarchitektur. So kann die Anzahl der Neuronen in Layern systematisch variiert werden ebenso wie die Anzahl oder Art der Layer selbst. Außerdem können die für das Training genutzte Batch Size und die Anzahl der Epochen variiert werden, um das Modell beim Training vor Overfit zu schützen. Weniger Epochen, also Trainingsdurchläufe, sorgen dafür, dass das Training abgebrochen wird, bevor das Modell zu stark an den Trainingsdatensatz angepasst sind. Weder Batch Size noch Epochen sind allerdings streng genommen Hyperparameter des Modells, sondern kontrollieren den Trainingsprozess beim Tuning der Parameter.

Weitere typische Tuning-Parameter sind die Aktivierungsfunktion, die Lernrate oder – wie bei den meisten Modellen – die Loss-Funktion. Im Folgenden sind häufig getunte Aspekte von aNNs aufgelistet:

- **Aktivierungsfunktion**: die Funktion, welche zur Verarbeitung der Information innerhalb eines Layers genutzt wird;
- **Anzahl der Units**: die Anzahl der Neuronen innerhalb eines Layers;
- **Anzahl der Layer**: die Anzahl der reihengeschalteten Funktionsgruppen;
- **Art der Layer**: Layer können im Tuningprozess auch ein- oder ausgebaut werden. Hierzu bieten sich beispielsweise Normalization-Layer an;
- **Batch Size**: die Anzahl der in einer Iteration als Trainingsdaten genutzte Menge an Datenpunkten;
- **Epochen**: die Anzahl der Durchläufe des gesamten Trainingsdatensatzes zur Modelloptimierung;
- **Lernrate**: Die Lernrate $\alpha \in (0, 1]$ beschreibt die Geschwindigkeit, mit der sich das Modell beim Gradient Descent an die Trainingsdaten anpasst. Sie kann auch als die Schrittweite des Descents interpretiert werden;
- **Dropout Rate**: Der Anteil der Neuronen aus dem vorherigen Layer, welcher bei jedem Batch zufällig ausgewählt und nicht an das nächste Layer weitergegeben wird. Typischerweise liegt diese zwischen 0 und 0,5 und steigt zwischen Input- und Output-Layer an. In manchen Programmen werden hierfür eigene Dropout-Layer genutzt;

- **Penalisierungsterm**: ein Regularisierungsparameter, der die Stärke einzelner Gewichte von Neuronen penalisiert, um die Volatilität des Netzwerks zu senken;
- **Loss-Funktion**: die Funktion, welche die Abweichung der Modellvorhersage von der Ground Truth quantifiziert.

Diese (bei Weitem nicht vollständige) Liste von Tuningmöglichkeiten für aNNs bezieht sich auf Modelle mit „simplen" Layertypen. Spezielle Layertypen haben häufig zusätzliche Parameter, die ebenfalls getuned werden können. So haben Convolutional Layer Filter, deren Anzahl und Größe ebenfalls getuned werden kann (bzw. sollte). Embedding Layer wiederum, die Daten in einen Vektorraum einbetten, können bezüglich der Dimension dieses Vektorraums getuned werden.

Die extrem hohe Anzahl an Möglichkeiten zum Modelltuning macht das Arbeiten mit aNNs zu einer Analysetätigkeit, die einerseits viel Erfahrung und andererseits viel Rechenkapazität erfordert. Allerdings ergibt sich wie in den meisten Fällen ein Tradeoff: Je passender (und damit häufig aufwendiger) das Preprocessing und die Ausgangsarchitektur des Modells (beides steigt für gewöhnlich mit der Modellierungserfahrung), desto weniger Rechenkapazität wird benötigt, um die passende Modellkonfiguration zu finden.

5.5.5 Parameterinterpretation

Aufgrund der Komplexität von aNNs ist die Interpretation einzelner Parameter in vielen Fällen kompliziert bis unmöglich. Vielmehr wird das Zusammenspiel unterschiedlicher Hyperparameter analysiert, welche durch die typischerweise komplexe Modellarchitektur von aNNs erhebliche Information über die Datenstruktur tragen können. So verstärkt die Erhöhung der Anzahl von Layern (oder auch nur der Neuronen innerhalb von Layern) die Passung an die Trainingsdaten, kann allerdings durch die Erhöhung der Dropout Rate gekontert werden. Die Dropout Rate selbst muss ebenfalls nicht konstant in allen Layern sein und steigt häufig im Verlauf des Modells zwischen Input- und Output-Layer. Durch das komplexe Zusammenspiel hat das „Herauskitzeln" des Sweet Spots von der Parameterkonstellation bei aNNs deutlich mehr Dimensionen als bei anderen beliebten ML-Modellen. Auch aus diesem Grund ist der Name „Deep Learning" durchaus zutreffend. Eine allgemeine Tendenz, die allerdings kein Alleinstellungsmerkmal von aNNs darstellt, ist, dass steigende Modellkomplexität mit einem stärkeren Fit an die Trainingsdaten einhergeht.

Trotz der eingangs beschriebenen komplexen Interaktionen der Hyperparameter in aNNs gibt es für einige von ihnen eine klare Leseart. Die Dropout Rate bestimmt, wie viel Information über die Trainingsdaten vom Modell „verschenkt" wird, um einen Overfit an diese zu vermeiden. Je mehr Daten während des *Feed-Forward* durch das aNN herausgenommen werden, desto unwahrscheinlicher wird es, dass zufällige Spezifika der Trainingsdaten das Modell im Trainingsprozess formen.

Auch die Lernrate α ist für sich genommen eindeutig zu interpretieren. Je höher die Lernrate ist, desto stärker ist die Anpassung des Modells an die Trainingsdaten bei jedem Update. Eine höhere Lernrate begünstigt also Overfit, bei einer niedrigeren Lernrate werden mehr Epochen zum Lernen der Datenstrukturen benötigt.

Schließlich hat auch der Penalisierungsterm λ der Modellgewichte W einen klaren Zweck. Er korrigiert für die Größe der individuellen Gewichte, wie in der Gleichung im Abschnitt zur Modelloptimierung zu erkennen ist. Die Logik dahinter ist, dass große einzelne Gewichte individuelle Aspekte der Daten sehr stark gewichten und so kleine Veränderungen im Input starke Unterschiede im Output bedingen können. Dies führt meist zu weniger robusten Modellen und wird dementsprechend penalisiert, sodass die Vorhersage der Modelle weniger sprunghaft ist.

Die Komplexität der typischerweise hochparametrisierten aNNs spiegelt sich also auch in der Interpretation ihrer Parameter wider, wenngleich einige dieser auch intuitiv interpretierbar sind. Da aNNs zu den bekanntesten und mächtigsten ML-Modellen gehören, tragen sie einen beträchtlichen Anteil zur „Blackbox"-Sichtweise auf ML-Modelle bei. Allerdings hilft Erfahrung mit der Konstruktion und dem Training von aNNs dabei, trotzdem ein intuitives Verständnis für viele der Parameter, deren Zusammenspiel und Modellarchitektur zu entwickeln und ein wenig Licht ins Dunkel zu bringen.

5.5.6 Schritt für Schritt-Beispiel

Zur Vorhersage, ob Personen, die bei einer Prüfung durchgefallen sind, die Nachholprüfung bestehen, kann die Information dienen, wie viele Stunden diese Personen mehr oder weniger für die Nachholprüfung gelernt haben als für eine erste Prüfung, die sie nicht bestanden haben. Gegeben sei nun eine Stichprobe von $n = 9$ Personen, derer $n = 6$ die Nachholprüfung bestanden und $n = 3$ nicht bestanden haben. Ihre Differenzen in der Lernzeit und das Ergebnis (bestanden = „+", nicht bestanden = „−") sind tabellarisch aufgeführt. Daraus wird ersichtlich, dass Personen mit weniger Lernzeit als beim ersten Versuch die zweite Klausur

5.5 Neuronale Netzwerkmodelle

bestanden haben. Dies mag daran liegen, dass sie ihre Wissenslücken erkannt haben und sich nur noch punktuell vorbereiten mussten. Personen mit leicht höherer Lernzeit haben hingegen nicht bestanden, da sie ihre Lernstrategie vielleicht nicht angepasst haben. Personen mit deutlich mehr Lernzeit wurden für ihren Aufwand belohnt und haben bestanden.

Person	A	B	C	D	E	F	G	H	I
Ergebnis	+	+	+	−	−	−	+	+	+
Lernzeit	− 5	− 4	− 3	2	4	6	30	33	38

Nun konstruieren wir ein aNN, das die Ergebnisse der Personen anhand der Lernzeiten modelliert. Hierfür kann ein simples aNN mit einem Input-Neuron, einen Hidden-Layer mit zwei Neuronen und einem Output-Neuron erstellt werden. Die Target-Variable „Klausurergebnis" wird dafür so umkodiert, dass „bestanden" mit dem Wert „1" und „nicht bestanden" mit dem Wert „0" kodiert ist, um die Wahrscheinlichkeit für das Bestehen der Nachholprüfung mit einem Wert zwischen „0" und „1" vorherzusagen.

Wenn ein Netzwerk dieser Art zusammengestellt und trainiert wurde, kann das Ergebnis des Netzwerks in Abb. 5.15 grafisch illustriert werden. Anhand dieses Netzwerks ist nun ein Blick in die genaue Funktionsweise der „Blackbox" möglich. Hierzu wird im Modell die Rectified Linear Unit-(ReLU)-Aktivierungsfunktion für

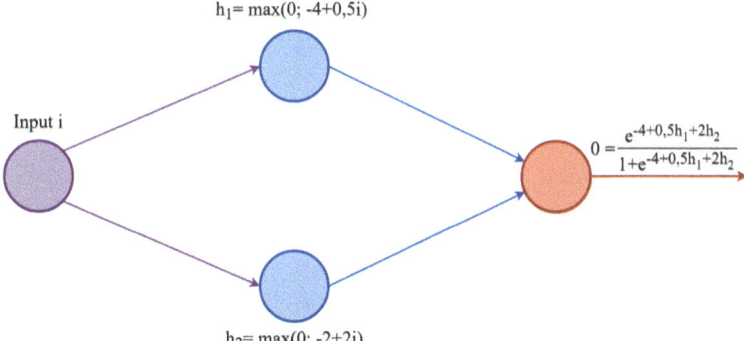

Abb. 5.15 Ein neuronales Netzwerkmodell mit drei Layern: Links ist das Input-Layer mit einem Neuron, in der Mitte das Hidden-Layer mit zwei Neuronen und rechts das Output-Layer mit einem Neuron. Die Pfeile sind die Verbindungen zwischen den einzelnen Neuronen. Abgetragen sind zudem Weight, Bias und Aktivierungsfunktion der jeweiligen Neuronen. *Abb. selbst erstellt*

beide Neuronen im Hidden-Layer und die logistische Funktion für das Neuron im Output-Layer genutzt. Das Input-Layer hat keine Funktion, da es schlicht das Einspeisen des Inputs i, also der konkreten numerischen Werte des Features Zeitdifferenz, repräsentiert. Nach dem Training ergeben sich die Funktionen der Neuronen im Hidden-Layer (mit fixen Werten für die Gewichte und Biase) wie folgt:

$$h_1 = max(0; -4 + 0, 5i)$$

$$h_2 = max(0; -2 - 2i)$$

Hierbei ist i der Input, also der numerische Wert der Stundendifferenz, h_1 der Wert, der vom ersten Neuron des Hidden-Layers an das Output-Layer weitergegeben wird und h_2 der Wert, der vom zweiten Neuron des Hidden-Layers an das Output-Layer weitergegeben wird. Für das Neuron im Output-Layer sind folgende Funktionen mit fixen Werten aus dem Training erfolgt:

$$o = \frac{e^{-4+0,5h_1+2h_2}}{1 + e^{-4+0,5h_1+2h_2}}$$

Zusammengenommen bedeutet dies, dass ein Wert zwischen Input und Output durch folgende Funktion läuft:

$$o = \frac{e^{-4+0,5max(0;-4+0,5i)+2max(0;-2-2i)}}{1 + e^{-4+0,5max(0;-4+0,5i)+2max(0;-2-2i)}}$$

Durch die logistische Funktion im Output-Neuron gilt $o \in (0; 1)$, was inhaltlich die Wahrscheinlichkeit für das Bestehen der Nachholklausur beschreibt. Da es sich um ein kategoriales Target und eine dichotome Entscheidung („nicht bestanden" vs. „bestanden") handelt, wird hier einfach gerundet und damit das Ergebnis als „nicht bestanden" für $o < 0{,}5$ und als „bestanden" für $o \geq 0{,}5$ kategorisiert.

Nimmt man also Person A aus der vorliegenden Stichprobe, speist ihren Featurewert -5 Stunden Lernzeitdifferenz in das Modell und geht es Schritt für Schritt durch, so folgt für die beiden Neuronen des Hidden-Layers:

$$h_1 = max(0; -4 + 0{,}5 \cdot (-5)) = 0$$

$$h_2 = max(0; -2 - 2 \cdot (-5)) = 8$$

5.5 Neuronale Netzwerkmodelle

Im nächsten Schritt werden h_1 und h_2 an das Output-Layer übergeben:

$$o = \frac{e^{-4+0,5\cdot(0)+2\cdot(8)}}{1+e^{-4+0,5\cdot(0)+2\cdot(8)}} = 0,99$$

Die Wahrscheinlichkeit für das Bestehen wird mit 0,99 ausgegeben. Dies bedeutet, dass das Modell korrekterweise vorhersagt, dass Person A die Nachholklausur bestanden hat. Für Person D, die eine Lernzeitdifferenz von „2" ausweist, ist $o = 0,02$, also wird (korrekt) vorhergesagt, dass Person D die Nachholklausur nicht bestanden hat. Abb. 5.16 stellt die Funktion des aNNs dar. Hierbei sieht man deutlich, dass das Modell die Daten ziemlich exakt reproduziert. Dies ist ein Overfit an die Daten, der höchstwahrscheinlich zu Problemen bei der Generalisierung des Modells führen würde. Allerdings zeigt es sehr anschaulich, wie bereits ein schmales Modell mit nur vier Neuronen Datenstrukturen sehr flexibel reproduzieren kann. Obwohl aNNs typischerweise deutlich komplexer als das hier zur Illustration genutzte sind, bleibt das grundlegende Prinzip identisch und könnte ebenfalls Schritt für Schritt beschrieben werden.

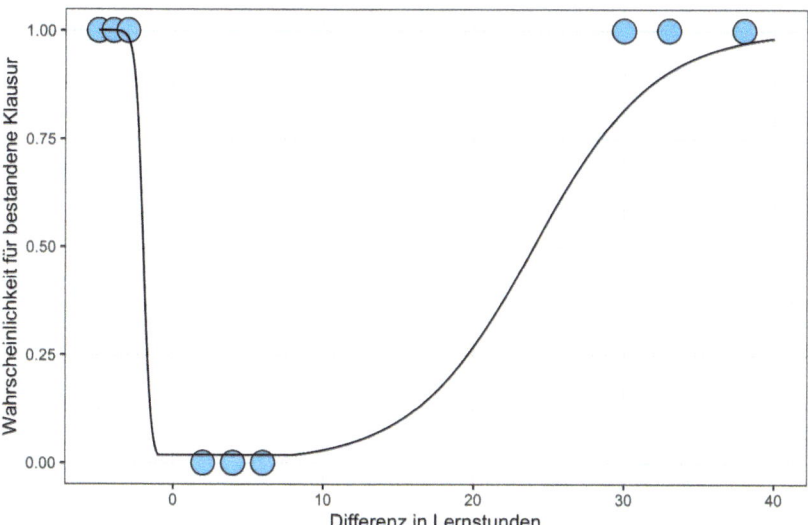

Abb. 5.16 Wahrscheinlichkeit für das Bestehen der Nachholklausur als Funktion der Differenz in Lernstunden verglichen mit der ersten Klausur. Die blauen Punkte sind die $n = 9$ Werte der Stichprobe, wobei „1" für „bestanden" und „0" für „nicht bestanden" steht. *Abb. selbst erstellt mit der Software R*

Interpretierbares Machine Learning 6

Wie in den vorangegangenen Kapiteln deutlich wurde, liegt der Fokus im ML auf der Vorhersage. Es wird also mit ML in erster Linie die Frage gestellt, *ob* und *wie gut* ein Target vorhergesagt werden kann. Die Frage, welche(s) Feature(s) besonders wertvoll für die Vorhersage sind/ist oder die Frage nach der genauen Funktion, welche Features und Target verknüpft, war bisher zweitrangig. Hier unterscheidet sich das ML deutlich von den Verfahren der klassischen Statistik wie etwa der linearen Regression, bei der die *Erklärung* der abhängigen Variable im Vordergrund steht, denn in der Regression geht es darum herauszufinden, welche Prädiktoren wie viel Einfluss auf die abhängige Variable haben.

Doch ML hat längst seinen Weg in Wissenschaften gefunden, welche sich nicht ausschließlich mit der Vorhersagbarkeit bestimmter Ereignisse zufrieden geben, sondern auch die komplexen Zusammenhänge selbst beleuchten wollen. Man denke dabei an die Vorhersage von schulischem Erfolg aus einem großen Featureset personen- und leistungsbezogener Daten oder die Vorhersage von Aufsatzqualität aus den Textdaten von Aufsätzen von Schulkindern. Sicherlich wird in diesen beiden Beispielen das Ergebnis der Vorhersagbarkeit mit einer bestimmen Accuracy kein vollständig zufriedenstellendes Ergebnis sein. Wissenschaftlerinnen und Wissenschaftler, aber auch die Öffentlichkeit werden zusätzlich daran interessiert sein, welchen Einfluss demografische Features *im Vergleich* zu Features schulischer Leistungen bei der Vorhersage von Schulerfolg haben und aus didaktischer Sicht ist es äußerst interessant herauszufinden, *welche* Textkomponenten zu höherer Aufsatzqualität führen. Nur so können wissenschaftliche Ergebnisse auch dazu dienen, Maßnahmen politischer oder didaktischer Art abzuleiten und auf inhaltlicher Ebene etwas über das Phänomen zu lernen.

Aus diesem Grund wurden in den letzten Jahren Methoden des sogenannten *interpretierbaren Machine Learnings (IML)* entwickelt. Sie können auf ML-Modelle angewendet werden und ermöglichen unter anderem den Einfluss einzelner Variablen innerhalb von Modellen zu quantifizieren. Auch die Aus- und Wechselwirkungen verschiedener Features können Methoden des IML erfassen und visualisieren. Diese Verfahren zielen also auf eine Interpretierbarkeit von Modellen ab und werden deswegen als Methoden des *IML* bezeichnet. Oft wird auch der Begriff *Explainable Artificial Intelligence* (XAI) gebraucht, um die Verbindung zu künstlicher Intelligenz zu betonen.

Besonders wichtig sind die Methoden des IML bei komplexen Black-Box-Modellen wie zum Beispiel Ensemble-Learnern, da diese kaum direkt interpretierbare Modellkoeffizienten beinhalten. Sie liefern anders als eine lineare Regression mit interpretierbaren β-Koeffizienten keine Parameterschätzungen, welche Zusammenhänge zwischen Features und Target beschreiben (Molnar et al., 2022; Biecek & Burzykowski, 2021).

Außerdem ist die Modellinterpretation hilfreich, um die Fairness von Algorithmen und Modellen zu bewerten (siehe Kap. 7). Auch bei der Modellsicherheit zum Beispiel bei Cyberagriffen, bei der automatischen Bewertung von akademischen Leistungen oder dem Schutz der Privatsphäre spielt die Interpretierbarkeit eine entscheidende Rolle. Dies wird an späterer Stelle noch ausführlicher dargestellt.

Die Verfahren des IML selbst können als „Hilfstechniken" verstanden werden. Sie sind in der Regel nicht in die Schätzung eines ML-Modells integriert, sondern werden im Anschluss an die eigentliche ML-Analyse durchgeführt. Im Englischen bezeichnet man diesen Vorgang häufig als „opening the black box". Ziel ist es also, einen Blick hinter die komplexen algorithmischen Schritte zu werfen, die für die ML-Verfahren typisch sind.

Zu den am häufigsten angewandten IML-Verfahren gehören *Permutation-Importance*-Verfahren, welche im nächsten Abschnitt vorgestellt werden. In den dann folgenden Abschnitten werden weitere gängige IML-Techniken präsentiert. Allerdings ist das Forschungsfeld des IML noch relativ jung, sodass laufend neue Methoden entwickelt werden. An dieser Stelle sei auch auf die zahlreichen Fallstricke der ML-Modellinterpretation hingewiesen, die bei unsachgemäßer Anwendung zu falschen Erkenntnissen führen. Unsachgemäße Anwendungen sind etwa fehlerhafte Modellverallgemeinerung, abhängige Features, Interaktionen von Variablen oder ungerechtfertigte kausale Interpretationen. Ein Überblick zu gängigen IML-Verfahren, Fallstricken und Lösungen zu deren Vermeidung wird in Molnar et al. (2022) gegeben.

Die *Variable Importance* bezeichnet eine Gruppe von Verfahren, die darauf abzielen, die Features in ihrer Wichtigkeit bei der Vorhersage des Targets zu gewichten. Dabei gilt, je höher die Variable Importance für ein Feature ausfällt, desto höher ist der Beitrag dieses Features in der Vorhersage des Targets. Je niedriger der Wert der Variable Importance ausfällt, desto eher kann dieses Feature in der Analyse vernachlässigt werden.

Die meisten Verfahren zur Bestimmung der Variable Importance sind sogenannte Permutationsmethoden. Hier ist das zentrale Element die Permutation der Werte der individuellen Features und die Beobachtung der damit verbundenen Abnahme der Modellpassung nach Vorhersage auf den permutierten Daten. In Abb. 6.1 wird in der oberen linken Ecke ein Ausschnitt eines Datensatzes mit drei Features und einem Target visualisiert. In der unteren linken Ecke wird der Datensatz dargestellt, nachdem beispielhaft die Werte des zweiten Features permutiert wurden. Anschließend wird in beiden Datensätzen das ML-Modell gefittet und die Vorhersagefehler als neue Spalten angelegt. Ein Vergleich der mittleren Vorhersagefehler ergibt die Permutation Variable Importance.

Den Permutationsmethoden ist gemein, dass sie den Informationsverlust durch ein zufälliges Mischen von Featurewerten nutzen, um über den Beitrag dieses Features zur Vorhersage zu lernen. Permutationsmethoden zur Bestimmung der Variable Importance wurden ursprünglich von Breiman (2001) als integriertes Verfahren des Random-Forest-Algorithmus eingeführt. Die Idee dahinter ist sehr intuitiv: Wenn eine Variable für die Vorhersage wichtig ist und die Werte dieser Variable permutiert, also durcheinandergewürfelt werden, sollte die Vorhersage schlechter werden. Wenn die Vorhersage jedoch nahezu unverändert bleibt, spielt die permutierte Variable im Ausgangsmodell wahrscheinlich keine wichtige Rolle. Die Wichtigkeit der Variable wird dann über den gemessenen Verlust an Vorhersagegenauigkeit zwischen den Vorhersagen mit den ursprünglichen Daten und den

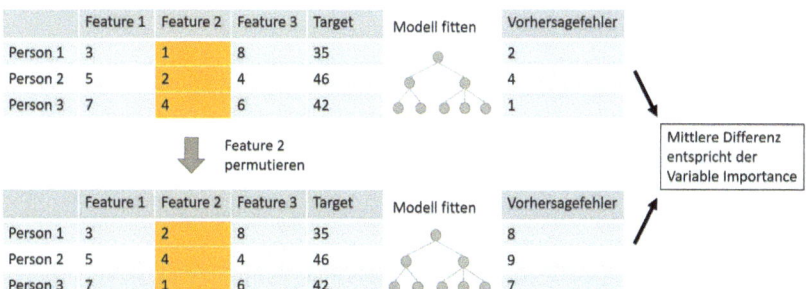

Abb. 6.1 Algorithmus der Permutation Variable Importance. *Abb. selbst erstellt*

permutierten Daten definiert. Durch die Permutation wird gewährleistet, dass die Variable zwar unbrauchbar gemacht wird, allerdings dieselben Werte weiterhin ins Modell eingehen, was eine Vergleichbarkeit mit dem Modell ohne Permutation unterstützt.

Obwohl die Permutation-Importance im Kontext des Random Forests eingeführt wurde, ist sie eine modellunabhängige Methode, die bei jedem Lernalgorithmus verwendet werden kann. Die Logik bleibt dabei immer dieselbe: Zuerst wird die Information eines einzelnen Features durch das Mischen der Werte zerstört. Anschließend wird der Vorhersagefehler neu bestimmt und mit dem ursprünglichen Vorhersagefehler verglichen. Die Differenz wird als Variable Importance für das permutierte Feature erfasst. Dieser Algorithmus wird so lange wiederholt, bis für jedes Feature ein Wert für die Variable Importance vorliegt. Tatsächlich wird in den meisten Fällen der Prozess für jedes Feature mehrfach durchgeführt, um so Zufallsschwankungen, die durch das zufällige Permutieren entstehen, abschätzen zu können. Dies führt dazu, dass die Variable Importance in der Regel als Intervall angegeben wird. Die linke Seite der Abb. 6.2 zeigt beispielhaft das Ergebnis einer

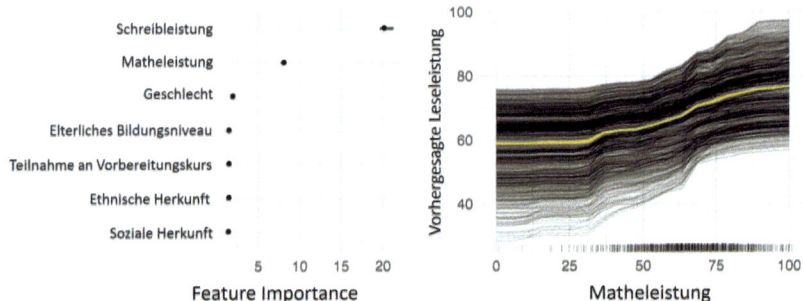

Abb. 6.2 (links) Permutation variable importance: Die Punktzahl in einem Lesetest wird durch sieben Features vorhergesagt, die auf der y-Achse abgebildet sind: die Punktzahl in einem Schreibtest (Schreibleistung); die Punktzahl in einem Mathematiktest (Matheleistung); das Geschlecht des Kindes (Geschlecht); der höchste akademische oder nicht-akademische Abschluss der Eltern (elterliches Bildungsniveau); die ethnische Zugehörigkeit des Kindes (ethnische Herkunft); eine Dummy-Variable, die den Abschluss/Nicht-Abschluss eines Testvorbereitungskurses anzeigt (Teilnahme an Vorbereitungskurs); Anspruch/Nicht-Anspruch auf ein kostenloses oder preisreduziertes Mittagessen als Indikator für die soziale Herkunft (soziale Herkunft). Auf der x-Achse ist die Veränderung des mittleren absoluten Fehlers nach der Permutation der Werte der einzelnen Features dargestellt. (rechts) PDP/ICE eines Random Forest Modells. Es zeigt die Auswirkung der Kovariate Matheleistung (x-Achse) auf die erzielte Lesetestpunktzahl von $n = 1000$ Kindern. Die dicke farbige Linie zeigt den marginalen Effekt im Vordergrund; die einzelnen grauen Linien im Hintergrund bilden die ICEs. *Abb. selbst erstellt mit der Software R*

Variable Importance Analyse. Es bleibt zu beachten, dass die Methode der Variable Importance unter Umständen enorme Rechenkapazitäten benötigt, da gerade bei einer großen Anzahl an Features die Modellvorhersage sehr oft neu berechnet werden muss.

Ein weiterer Stolperstein in der Anwendung von Variable Importance Methoden ist, dass diese empfindlich auf Zusammenhänge zwischen den Features reagieren. Dabei kann es zu dem Artefakt kommen, dass stark zusammenhängende Variablen als vergleichsweise unwichtig erscheinen. Denn die Permutation-Importance eines Features kann niedrig sein, wenn durch seine Permutation die Modellperformanz nicht sinkt, da ein anderes Feature sehr ähnliche Information trägt. Dieser Aspekt spiegelt zwar die Realität des Modells wider, kann aber die Interpretation erschweren, wenn der potenziell einzigartige Beitrag eines bestimmten Features von Interesse ist. Deswegen wurden unter anderem von Strobl et al. (2008) alternative Methoden vorgeschlagen, um die Bedeutung von Features hinsichtlich ihrer Korrelation mit anderen Features zu quantifizieren. In ihrem Ansatz wird ein bekannter Zusammenhang zwischen Features bei der Permutation berücksichtigt, indem Werte des zu permutierenden Features zuvor auf das korrelierte zweite Feature bedingt werden. So bleibt die Zusammenhangsstruktur der Features untereinander auch nach der Permutation erhalten und Verzerrungen in der Variable Importance werden reduziert.

6.1 Kennwerte für Variable Importance: Partial dependence Plots (PDs)

Partial dependence plots (*PDs*) (deutsch: *Partielle Abhängigkeitsdiagramme*) zeigen den marginalen Effekt eines einzelnen Features auf das Target, wenn über alle anderen Kovariablen integriert wird (Friedman et al., 2001). Ein Beispiel für einen PD-Plot ist in Abb. 6.2 dargestellt. Mit anderen Worten: Das Diagramm zeigt die durchschnittlichen Vorhersagen für das Target, wenn in einem oder zwei Features ein bestimmter Wert angenommen wird, und zwar ohne Berücksichtigung von Zusammenhängen mit anderen Features und interaktiven Effekten. So wird der Einfluss eines einzelnen Features erkennbar. Es wird ersichtlich, wie sich das Target verändern würde, wenn sich die Werte des interessierenden Feature verändern.

Häufig legen PD-Plots einen Wertebereich dar, in welchem das Feature stark mit dem Target zusammenhängt, sowie einen Wertebereich, in welchem Veränderungen im Feature so gut wie keinen Einfluss auf das Target haben. Zusätzlich lässt sich die Richtung eines Zusammenhangs ermitteln. Während Permutationsmethoden lediglich die Stärke eines Zusammenhangs zwischen einzelnen Features und dem Target aufzeigen, kann mittels eines PD-Plots deutlich gemacht werden, ob der Zusammenhang positiv, negativ oder gegebenenfalls auch kurvenlinear ist. Im zweiten Fall werden Bereiche mit positiven und negativen Zusammenhängen augenfällig. Auch die Stärke des Zusammenhangs wird dargestellt. In Abb. 6.2, steigt der erwartete Wert des Targets stark an, wenn sich die „Matheleistung" von 50 auf 60 Punkte erhöht. Steigt die Matheleistung jedoch von 10 auf 20 Punkte, so bleibt der erwartete Wert des Targets fast konstant.

Dabei ist an dieser Stelle anzumerken, dass der Zusammenhang nicht als kausaler Zusammenhang zu verstehen ist. Der im PD-Plot ersichtliche Zusammenhang bedeutet nicht (zwangsläufig), dass ein isoliertes Training der Mathematik sich im dargestellten Maße auf das Target auswirkt. Ob Zusammenhänge als kausal angenommen werden können, hängt ausschließlich vom Studiendesign ab und nicht von der statistischen Analysemethode. PD-Plots können auch für spezifische Paare von Variablen berechnet und dann als 2D-Heatmap oder 3D-Oberflächendiagramm dargestellt werden (vgl. Abb. 6.3). So kann auch der Zusammenhang der Inter-

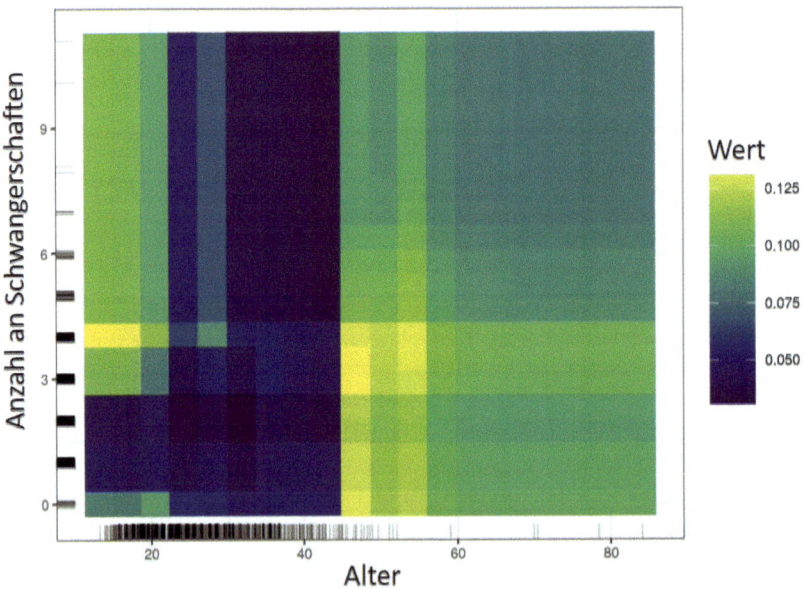

Abb. 6.3 Permutation variable importance: Partial Dependence Plot für die Interaktion aus Anzahl der Schwangerschaften und Alter auf das Brustkrebsrisiko. Der Farbverlauf zeigt das geschätzte Risiko (Wert) an. Hellere Farben stehen für ein höheres Risiko. *Abb. selbst erstellt mit der Software R aus der Wisconsin breast cancer database (Wolberg et al., 1992)*

aktion aus zwei oder sogar mehr Features mit dem Target untersucht werden. Dann ergeben sich zweidimensionale Wertebereiche, also Flächen, mit stärkeren und schwächeren Zusammenhängen. In Abb. 6.3 zeigt sich beispielsweise eine Interaktion aus Alter und Anzahl der Schwangerschaften bei der Vorhersage von Brustkrebs. Dies lässt sich daran erkennen, dass die Vorhersagewerte, welche durch die Farbskala ausgedrückt werden, von beiden Features abhängen. So sind diese etwa bei einer bis zwei Schwangerschaften besonders gering, wenn gleichzeitig das Alter unter 45 Jahren liegt.

Die voranstehenden Beschreibungen treffen ausschließlich auf stetige Features zu. Handelt es sich beim interessierenden Feature um ein kategoriales Target mit Nominalskalenniveau, so werden die Ausprägungen auf der x-Achse und die zugeordneten erwarteten Werte des Targets auf der y-Achse aufgetragen. Ein PD-Plot ist dann also ein Säulendiagramm.

6.2 Kennwerte für Variable Importance: Individual conditional expectation plots (ICEs)

Auf lokaler Ebene (d. h. für einzelne Fälle) zeigen individuelle bedingte Erwartungswerte (*individual conditional expectation, ICE*) oder *Ceteris-Paribus-Diagramme* (*CP*) die Veränderung des vorhergesagten Werts für ein einzelnes Feature, wenn es auf eine bestimmte Beobachtung eingeschränkt wird (z. B. eine Messung, die von einer einzelnen Schülerin oder einem einzelnen Schüler stammt). Zur Konstruktion der ICE-Diagramme werden alle übrigen Features konstant zu den beobachteten Werten gehalten und die Vorhersagen einfach durch Variation des betrachteten Features berechnet. Es wird also für jede Person im Datensatz eine eigene Linie im ICE-Diagramm erstellt, welche den vorhergesagten Wert im Target unter allen möglichen Werten des interessierenden Features aufzeigt. ICE-Diagramme für ein bestimmtes Feature werden dann für alle Beobachtungen in einem Datensatz berechnet und zusammen in einer Grafik dargestellt. Es kann gezeigt werden, dass der Durchschnitt aller ICE-Kurven mit der PD-Kurve übereinstimmt (Goldstein et al., 2015).

Zusätzlich zu PD-Diagrammen können ICEs hilfreich sein, um Wechselwirkungen zwischen Features im Datensatz zu identifizieren. Interaktionen können durch sich kreuzende Linien im ICE-Plot identifiziert werden. Wenn alle Linien parallel verlaufen, wird in der Regel ein homogener Effekt dieses Features angenommen. Bilden die Linien jedoch Gruppen von Verläufen, so lohnt sich eine tiefer gehende Analyse der Zusammenhänge. Es könnte zum Beispiel für eine Gruppe von

Beobachtungen der Zusammenhang zwischen dem Feature und dem Target positiv, für eine andere Gruppe negativ sein. Dies würde sich im ICE-Plot durch zwei sich kreuzende Stränge an Linien zeigen. Dann kann es gewinnbringend sein, das Feature zu identifizieren, welches die Beobachtungen in die beiden Gruppen trennt. Denkbar wäre zum Beispiel, dass sich Anspannung vor einer Prüfung positiv auswirkt, wenn die Person gut vorbereitet ist. Demgegenüber könnte sich Anspannung negativ auswirken, wenn die Person schlecht vorbereitet ist.

Im Beispiel zu Abb. 6.2 zeigt sich allerdings eine homogene Auswirkung der Matheleistung auf das Target (Leseleistung). Die Linien der einzelnen Beziehungen zwischen den Matheleistungswerten und den vorhergesagten Lesewerten im PD-Plot verlaufen parallel. Sie fügen sich schlüssig zur integrierten PD-Linie im Hintergrund zusammen. Ergäben sich verschiedene Stränge an ICE-Linien, so wäre auch die Interpretation des PD-Plots nur bedingt aussagekräftig, da sich dieser als Mittel aller ICE-Linien ergibt und sich so heterogene Effekte im Schnitt gegenseitig aufheben könnten. Daher sollte zusätzlich zum PD-Plot immer auch ein ICE-Plot erstellt werden.

6.3 Kennwerte für Variable Importance: Counterfactuals

Im Gegensatz zu den oben eingeführten Methoden, den sogenannten lokalen Interpretationsmethoden, die einzelne Vorhersagen zu erklären versuchen (z. B., warum hat Schüler A in einem Schreibtest auf der Grundlage dieser Featurewerte diese Punktzahl erhalten?) schlagen Wachter et al. (2017) vor, *Counterfactuals* (deutsch: *kontrafaktische Erklärungen*) zu verwenden, um einzelne Vorhersagen zu veranschaulichen. Eine kontrafaktische Erklärung beschreibt eine kausale Situation in der folgenden Form: Wenn X nicht eingetreten wäre, wäre Y nicht eingetreten. Kontrafaktische Ereignisse sind per Definition nicht beobachtbar, da immer nur eine Realität existiert und man Auswirkungen von Events, welche nicht passiert sind, nicht beobachten kann.

Im Rahmen des IML untersuchen Counterfactual-Methoden, wie sich Vorhersagen verändern, wenn einzelne Werte auf einzelnen Features ausgetauscht werden. Das heißt, sie beschreiben die kleinste Änderung der Featurewerte, welche die Vorhersage zu einem vordefinierten Ergebnis verändert. Im Beispiel könnte als hypothetische Frage geklärt werden, wie viele Punkte ein bestimmter Schüler etwa in verschiedenen Leistungstests zusätzlich haben müsste, um auf dem Target den Wert 80 zu überschreiten.

Darüber hinaus sollte eine kontrafaktische Erklärung die folgenden Kriterien erfüllen (Molnar, 2020):

1. Sie sollte die vordefinierte Vorhersage so genau wie möglich treffen.
2. Sie sollte der existierenden Beobachtung in Bezug auf die Featurewerte so ähnlich wie möglich sein.
3. Sie sollte so wenige Features wie möglich ändern.
4. Sie sollte Featurewerte haben, die plausibel sind, also theoretisch beobachtbar wären.

Ein Gegenbeispiel wäre etwa ein negatives Körpergewicht oder nicht ganzzahlige Werte auf Faktorvariablen. Während Wachter et al. (2017) eine gewichtete Kombination der ersten beiden Kriterien als Optimierungsfunktion zur Bestimmung von kontrafaktischen Beobachtungen verwenden, schlagen Dandl et al. (2020) vor, diese vier Kriterien gleichzeitig durch eine multikriterielle Optimierung mit dem *Nondominated Sorting Genetic Algorithm II* oder kurz NSGA-II von Deb et al. (2002) zu berücksichtigen. Da beide Verfahren mathematisch anspruchsvoll sind, sei an dieser Stelle für weiterführende Erklärungen auf einschlägige Fachliteratur verwiesen (z. B. Deb et al., 2002).

Faires Machine Learning 7

Fairness ist eines der zentralen Themen in den Sozial- und Bildungswissenschaften (Mashek & Hammer, 2011). Sie spielt im Rahmen der standardisierten Bewertung (z. B. bei Leistungstests) eine Rolle, muss aber auch berücksichtigt werden, wenn nicht standardisierte, komplexe Entscheidungen wie zum Beispiel bei der Auswahl der verschiedenen sekundaren Schulformen getroffen werden müssen. Unfairness oder Ungerechtigkeit bildet den Mangel an Fairness ab und kann sowohl aus einer ungerechten Beurteilung entstehen als auch durch reale Leistungsunterschiede, zum Beispiel zwischen verschiedenen sozialen Gruppen (Gipps & Stobart, 2009). In diesem Fall werden dabei tiefer gehende soziale Ungleichheiten als Ursprung dieser tatsächlichen Leistungsunterschiede diskutiert (Mashek & Hammer, 2011). ML kann beide Arten mangelnder Fairness erkennen. Im Hinblick auf unfaire, voreingenommene Beurteilungen bietet es vielversprechende Werkzeuge und Methoden, um den Einfluss von diskriminierenden Entscheidungsregeln bei der Bewertung mindestens zu reduzieren oder bestenfalls sogar zu eliminieren (z. B. Kraus et al., 2024; Kusner & Loftus, 2020).

Im Hinblick auf Ungleichheiten, die aus sozialen Strukturen resultieren, kann ML relevante Zusammenhänge aufdecken und damit wertvolle Erkenntnisse für Förderprogramme und spezielle Trainings liefern. Dies kann zum Beispiel durch die Nutzung von digitalen Logdaten erreicht werden. Logdaten eigenen sich, um Verhaltens- und Persönlichkeitsmerkmale abzuleiten, die unter anderem zur Vorhersage von Studiumsabbrüchen genutzt werden können (Lykourentzou et al., 2009). Gleichzeitig kann der unreflektierte Einsatz von ML-Modellen bestehende Ungerechtigkeiten wie soziale Benachteiligungen verstetigen und verstärken und so bestehende Diskriminierung in der Form von unfairen algorithmischen Entscheidungen replizieren (z. B. nach ethnischer Gruppenzugehörigkeit; Buolamwini und Gebru, 2018).

7.1 Fallstricke des Fair Machine Learnings

In der Vergangenheit führte die Anwendung von ML-Algorithmen wiederholt dazu, dass bestehende Ungleichheiten nicht abgeschwächt, sondern repliziert oder sogar verstärkt wurden. So sind etwa versteckte *Feedback Loops* (deutsch: *Rückkopplungsschleifen*) ein Beispiel für ein bekanntes Problem im Zusammenhang mit ML-Anwendungen. Sie treten auf, wenn die Anwendung eines Algorithmus die Daten beeinflusst, die er zum Lernen verwendet. Dabei können nicht nur numerische Probleme auftreten, die in Folge zu absurden Phänomenen wie Überschriften, deren per Algorithmus bewertete und in Folge automatisch angepasste Größe sich unendlich weiter ausdehnt (Sculley et al., 2014), führen. Werden ML-Algorithmen in kritischen Kontexten eingesetzt, so können auch soziale Ungleichheiten verstärkt werden (Kusner & Loftus, 2020). Dies ist insbesondere dann der Fall, wenn Teilpopulationen und unterrepräsentierte soziale Gruppen durch den Algorithmus diskriminiert werden (Liu et al., 2018).

In einem aktuellen Beispiel für algorithmische Ungerechtigkeit wurde eine durch einen Algorithmus erzeugte Benotung in Schulen im Vereinigten Königreich als Ersatz für ausgefallene Prüfungen aufgrund der COVID-19 Pandemie (Porter, 2020) eingesetzt. Der Algorithmus verwendete dafür die Rangfolge der Schulkinder innerhalb ihrer Schule und die Rangfolge der Schule innerhalb ihres Bezirks für die Vorhersage der Noten. Leider korrelierten die vorausgegangenen Leistungen der Schule – und damit die vorhergesagten Noten – stark mit dem sozioökonomischen Status der Kinder. Bei gleicher Leistung auf individueller Ebene erhielten Kinder in Schulen in sozial starken Stadtteilen bessere Noten als jene aus Schulen in sozial schwachen Stadtteilen. In einem anderen Fall basierte die Bewertung der Leistung einer Lehrkraft auf den Leistungen ihrer Schulkinder und das Ausmaß, in dem deren Noten statistisch berechnete Erwartungen übertrafen (Strauss, 2015). Dieser Ansatz führte jedoch zu dem absurden Fall, dass bereits sehr leistungsstarke Kinder die Leistungsbewertung der Lehrkraft sinken ließen. Der Grund dafür war, dass die Schulkinder die sehr guten Noten, die sie bereits hatten, nicht übertreffen konnten. Diese Beispiele zeigen, dass algorithmische Transparenz auch für die algorithmische Fairness von entscheidender Bedeutung ist. Forderungen nach Transparenz werden zunehmend lauter (Doshi-Velez & Kim,

7.1 Fallstricke des Fair Machine Learnings

2017) und es ist eine ernstzunehmende Herausforderung, sicherzustellen, dass ML-Modelle strikt im Einklang mit ethischen Werten stehen (Irving & Askell, 2019).

Das Thema Fairness ist immer dann ausgesprochen relevant, wenn es um die Verteilung von Ressourcen geht. Gleichzeitig werden zur Ressourcenverteilung zunehmend algorithmische Systeme eingesetzt, die menschliche Entscheidungen entweder ergänzen oder sogar ersetzen (Crawford, 2021). Daher beschäftigen sich sozialwissenschaftliche Fachrichtungen zunehmend auch im Rahmen von ML-Analysen mit Aspekten von algorithmischer Fairness (Carey & Wu, 2023). Im Bildungsbereich ist das Thema Fairness besonders relevant, da in den Bildungssystemen bereits vielfältige Ungleichheiten bestehen (Mashek & Hammer, 2011; Zajda & Freeman, 2009).

Auf einer technischeren Ebene lässt sich die Frage formulieren, an welchen Stellen im ML-Prozess Ungerechtigkeiten entstehen können und wie man diese erkennen und vermeiden kann. Hierfür gibt Abb. 7.1 einen guten Überblick sieben möglicher Verzerrungen oder Biases, die die Fairness eines ML-Modell beeinträchtigen können. Sie lassen sich als historischer Bias, Repräsentationsbias, messbedingter Bias, Lernbias, Evaluationsbias, Aggregationsbias und Anwendungsbias beschreiben (Suresh & Guttag, 2019) und werden in den folgenden Abschnitten jeweils kurz vorgestellt.

7.1.1 Historischer Bias

Der historische Bias bezieht sich auf Ungerechtigkeiten, welche durch historische Entwicklungen entstanden sind und aktuell fortbestehen. Ein Beispiel im deutschen Bildungssystem ist etwa ein starker Zusammenhang zwischen der sozioökono-

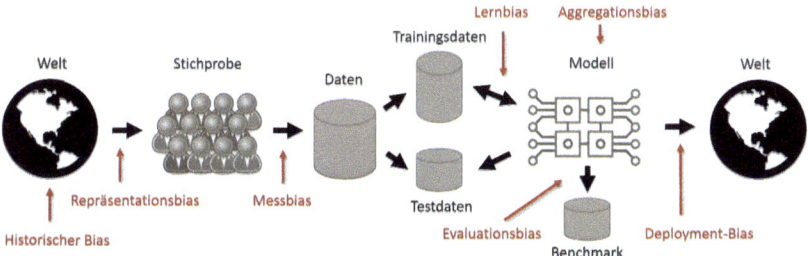

Abb. 7.1 Flowchart für die sieben Biases der ML-Fairness. *Abb. angelehnt an Suresh und Guttag (2019)*

mischen Herkunft der Kinder und ihren Schulleistungen (OECD, 2019a). Der historische Bias ist damit Teil des Daten generierenden Prozesses und kann nicht durch geschickte Datenerhebung umgangen werden. Wird der historische Bias nicht berücksichtigt, reproduziert ein ML-Modell die Ungerechtigkeit der Daten, führt zu unfairen Modellvorhersagen und in der Folge zu ungerechten Entscheidungen. Historischer Bias kommt im Allgemeinen in zwei Ausprägungen vor.

Zum einen kann er sich auf falsche Target-Label beziehen, welche auf soziale Vorurteile in menschlichen Entscheidungsprozessen zurückzuführen sein können. Diese Art von Bias tritt besonders häufig auf, wenn die Labels auf vergangenen menschlichen Urteilen beruhen. Zum Beispiel könnte ein ML-Modell darauf trainiert werden, geeignete Kandidatinnen und Kandidaten für ein Jobinterview aus einer großen Menge an Bewerberinnen und Bewerbern auszusuchen. Wenn nun in der Vergangenheit mehr Männer als Frauen positiv bewertet und anschließend eingestellt wurden, wird ein Modell, das auf historischen Entscheidungen trainiert ist, wahrscheinlich diese Assoziation zwischen Geschlecht und Eignung reproduzieren. Der historische Bias liegt darin, dass durch die Target-Definition, nämlich dass eingestellte Bewerberinnen und Bewerber auch geeignet waren, die Gruppe der in der Vergangenheit eingestellten Personen als qualifizierter betrachtet wird als die Gruppe der in der Vergangenheit nicht eingestellten Personen. Dieser Typ von historischem Bias ist also ein Problem der Konstruktvalidität: Die historischen Einstellungsentscheidungen sind ein schlechtes Proxy für die tatsächliche Eignung der aktuellen Bewerberinnen und Bewerber.

Ein zweiter Typ von historischem Bias tritt auf, wenn die Daten eine gute Repräsentation der Realität darstellen, aber die Realität selbst verzerrt und ungerecht ist. In unserem Einstellungsbeispiel könnte ein beobachteter Bias aus tatsächlichen Differenzen in der Eignung resultieren, wobei jedoch diese Eignungsunterschiede wiederum durch strukturelle Ungleichheiten in der Gesellschaft verursacht sein könnten. Zum Beispiel könnten Menschen mit niedrigerem sozioökonomischen Hintergrund weniger Möglichkeiten gehabt haben, eine gute Ausbildung zu erhalten, was sie weniger geeignet für Jobs macht, bei denen eine solche Bildung für die Arbeitsleistung erforderlich ist. In diesem Fall wäre das Stereotyp, dass der sozioökonomische Hintergrund mit der Bewerbereignung assoziiert ist zwar auf aggregierter Gruppenebene korrekt, jedoch ein Rückschluss auf einzelne Individuen unzulässig und unfair. Es würden also durch ein auf historischen Daten trainiertes ML-Modell Personen aufgrund ihres niedrigeren sozioökonomischen Hintergrunds als weniger geeignet eingestuft als Personen mit höherem sozioökonomischen Hintergrund, auch wenn sie sich in allen anderen Eigenschaften nicht unterscheiden.

7.1 Fallstricke des Fair Machine Learnings

Je nach persönlichem Empfinden könnte man in jedem dieser Szenarien eine andere Definition dessen haben, was fair ist. In der Praxis ist es zudem in der Regel unmöglich, zwischen diesen beiden Arten von historischem Bias allein anhand beobachteter Daten zu unterscheiden. Darüber hinaus können sie auch gleichzeitig auftreten. Daher erfordern der Umgang mit historischem Bias und die Wahl eines geeigneten Korrekturverfahrens, das mit den eigenen moralischen Werten im Einklang steht, ein tiefes Verständnis des sozialen Kontextes der analysierten Daten. Hierzu gehört unter anderem, dass die relevanten demografischen Merkmale bezüglich derer eine Diskriminierung unerwünscht ist, identifiziert und erhoben werden. Des Weiteren müssen die Vorhersagen von ML-Modellen auf etwaige Diskriminierung bezüglich dieser Merkmale überprüft und gegebenenfalls durch spezifische Fair ML-Methoden korrigiert werden.

7.1.2 Repräsentationsbias

Der zweite Bias, der die Fairness eines ML-Modells beeinträchtigen kann, ist der Repräsentationsbias. Er tritt auf, wenn einige soziale oder demografische Gruppen in den Daten unterrepräsentiert sind (Suresh & Guttag, 2019). Die Wahrscheinlichkeit für einen Repräsentationsbias ist besonders hoch, wenn sich die Datenverteilungen von Minderheitsgruppen wesentlich von denen der Mehrheitsgruppe unterscheiden. Ein bekanntes Beispiel für Repräsentationsbias wurde von Buolamwini und Gebru (2018) aufgedeckt. Sie stellten fest, dass die Datensätze, die zum Training kommerzieller Gesichtserkennungssysteme verwendet wurden, hauptsächlich Bilder von weißen Männern enthielten. Folglich generalisierten die Modelle nicht gut auf Menschen mit dunkler Haut, insbesondere auf Frauen mit dunkler Haut.

Die Ursache des Repräsentationsbias liegt darin begründet, dass beim Fitting jede Beobachtung dasselbe Gewicht erhält und so seltene Beobachtungen zu wenig Einfluss auf die Lossfunktion nehmen können. Daher lässt sich ein Repräsentationsbias mit vergleichsweise einfachen Mitteln beheben. In der Regel ist es ausreichend, zusätzliche Daten zu erheben, welche die Minderheiten ausreichend repräsentieren. Außerdem können Analysierende auf Methoden zurückgreifen, die speziell zum Umgang mit Stichprobenfehlern entwickelt wurden wie etwa die systematische überproportionale Gewichtung von seltenen Beobachtungen (Tucker, 2010).

7.1.3 Messbias

Als dritter Bias sollte der messungsbedingte Bias beachtet werden. Dieser entsteht, wenn die verwendeten Messinstrumente für unterschiedliche Personengruppen unterschiedliche Messfehler produzieren. Wird etwa eine Beurteilung durch andere Menschen als Messinstrument für das Target verwendet, so kann der Messbias auch als historischer oder als kognitiver Bias betrachtet werden. Es ist darüber hinaus aber auch bekannt, dass Messfehler dadurch entstehen, dass das eigentlich interessierende Target eine latente Variable ist, an deren Stelle sogenannte Proxy-Variablen eingesetzt werden (Obermeyer et al., 2019; Boeschoten et al., 2021). Sind diese Proxy-Variablen nun nicht für alle Gruppen gleichermaßen informativ über das eigentliche Target, entstehen messungsbedingte Ungerechtigkeiten.

Dieses Phänomen zeigte sich zum Beispiel in einem kommerziell eingesetzten Algorithmus, welcher aus vergangenen Gesundheitskosten einen Risikoscore für die Versicherten berechnete. Dieser Risikoscore wurde anschließend zur Einteilung in bestimmte Gesundheitspräventionsprogramme genutzt. Das Problem war, dass die Gesundheitskosten eine unfaire Proxy-Variable für die eigentlich interessierende latente Variable des Gesundheitszustandes darstellten. Da die Gesundheitskosten der dunkelhäutigen Versicherten niedriger ausfielen als die der hellhäutigen Versicherten, überschätzte der Algorithmus systematisch den Gesundheitszustand von dunkelhäutigen Versicherten und verwehrte ihnen häufiger den Zugang zum Präventionsprogramm. Als Gegenmaßnahmen werden unter anderem die Anwendung von psychometrischen Verfahren (Boeschoten et al., 2021; Kraus & Kern, 2024) und eine gut durchdachte Auswahl der Proxy-Variablen empfohlen.

7.1.4 Lernbias

Lernbias tritt auf, wenn Modellierungsentscheidungen Unterschiede zwischen verschiedenen Gruppen in den Daten verstärken. Hierbei spielt die Optimierung der Lossfunktion eine tragende Rolle. Sie wird während des Trainings optimiert. Die Lossfunktion drückt dabei typischerweise eine Maßzahl aus, die für die Genauigkeit der Lernaufgabe steht. Dies können die Cross Entropy für Klassifizierungsprobleme oder der mittlere quadratische Fehler für Regressionsmodelle sein. Probleme können bei der Optimierung entstehen, wenn die Priorisierung eines Ziels (z. B. die Gesamtgenauigkeit) ein anderes Ziel (z. B. gruppenspezifische Genauigkeit) beeinträchtigt. Beispielsweise kann das Minimieren der Cross Entropy beim Erstellen eines Klassifikators unbeabsichtigt dazu führen, dass das Modell mehr falsch positive Vorhersagen produziert als in vielen Kontexten wünschenswert wäre. Besonders stark wirkt sich ein Lernbias in Kombination mit einem Repräsentationsbias aus, wenn auf die Gesamtgenauigkeit optimiert wird, da dann die falsch positiven Vorhersagen überwiegend auf Beobachtungen in der unterrepräsentierten Gruppe entfallen.

Als Abhilfe für einen Lernbias bieten sich verschiedene spezielle Lossfunktionen an: etwa solche, die gruppenspezifische Vorhersagefehler anstelle von gruppenübergreifenden Vorhersagefehlern ausdrücken, Lossfunktionen, die unter bestimmten, die Fairness gewährleistenden Restriktionen optimiert werden oder auch Schätzverfahren, die darauf abzielen, die sensitiven Attribute von der Vorhersage zu entkoppeln. Besonders bekannt ist dabei das Verfahren „learning fair representations" (LFR) von Zemel et al. (2013). In ihrem Verfahren werden die Daten in Cluster gruppiert, die ähnliche Merkmale aufweisen, wobei darauf geachtet wird, dass die Verteilung der sensiblen Attribute innerhalb jedes Clusters der Gesamtverteilung ähnelt. Nach Gruppierung der Daten in Cluster werden diese Cluster verwendet, um eine neue Repräsentation der Daten zu erzeugen. Jede Beobachtung wird durch die zugehörigen Clusterzentroiden repräsentiert anstatt durch die ursprünglichen Merkmale. Diese neue Repräsentation dient dann als neues Featureset für das ML-Modell.

7.1.5 Aggregationsbias

Aggregationsbias tritt auf, wenn ein einheitliches Modell für Daten verwendet wird, in denen Gruppen existieren, die besser eigenständig berücksichtigt werden sollten. Der zugrunde liegende Aggregationsbias basiert auf der Annahme, dass die Zuordnung von Featurewerten zu Target-Labels konsistent über Teilmengen der Daten ist. In der Realität ist dies jedoch oft nicht der Fall. Ein bestimmter Datensatz kann Menschen oder Gruppen mit unterschiedlichem Hintergrund, Kulturen oder Normen repräsentieren und eine bestimmte Variable kann über sie hinweg ganz unterschiedliche Bedeutungen haben. So bedeuten zum Beispiel Zeiten mit verringerter oder ohne Arbeitszeit traditionell für Männer und Frauen unterschiedliche Dinge. Während diese Zeiten bei Männern häufiger mit Arbeitslosigkeit assoziiert sind, sprechen sie bei Frauen häufig für Betreuungszeiten (Ferrant et al., 2014). Werden nun diese Zeiten in einem ML-Modell zur Vorhersage der Länge einer neuen Arbeitslosigkeit verwendet (Kern et al., 2021), kann dies zu einem Aggregationsbias führen. Generell kann ein Aggregationsbias zu einem Modell führen, das für keine Gruppe optimal ist oder zu einem Modell, das nur an die dominante Teilpopulation angepasst ist (z. B. wenn auch ein Repräsentationsbias besteht).

Ein weiteres typisches Beispiel für Ungerechtigkeit, die auf einem Aggregationsbias beruht, ist eine Analyse von Patton et al. (2020) von Posts in Internetforen, in denen Subkulturen aktiv sind. Innerhalb von Subkulturen werden bestimmte Begriffe häufig in anderem Kontext und mit anderen Absichten verwendet als im Rest der Gesellschaft, sodass Sprachmodelle, die auf unspezifischen Sprachdaten trainiert wurden, für diese Subkulturen falsche Vorhersagen bezüglich der erfassten Inhalte liefern. So analysierten Patton et al. (2020) Texte aus Twitter-Beiträgen jugendlicher Bandenmitglieder in Chicago. Durch das Einholen von Expertise von Fachleuten aus der Community, die die Tweets interpretierten, konnten sie Schwächen allgemeinerer, nicht kontextspezifischer Sprachmodelle identifizieren. Zum Beispiel vermittelten bestimmte Emojis oder Hashtags spezifische Bedeutungen, die ein nicht spezifisches Modell, das auf allen Twitter-Daten trainiert ist, übersehen würde. In anderen Fällen handelte es sich bei Wörtern oder Phrasen, die in einem anderen Kontext Aggression vermitteln könnten, tatsächlich um Texte eines lokalen Rappers. Die Vernachlässigung dieses gruppenbezogenen Kontexts zugunsten eines einzigen, allgemeineren Modells, das für alle Social-Media-Daten entwickelt wurde, würde wahrscheinlich zu Fehlklassifikationen der Tweets dieser Subkultur führen.

7.1.6 Evaluationsbias

Wenn neue ML-Modelle nicht nur an aktuellen Datensätzen kreuzvalidiert werden, sondern auch mit bereits existierenden Benchmarkmodellen verglichen werden, kann ein Evaluationsbias entstehen. Dieser tritt dann auf, wenn die Benchmark-Daten, die für eine bestimmte Aufgabe verwendet werden, nicht die tatsächliche Population repräsentieren. Ein Modell wird zwar auf seinen Trainingsdaten optimiert und an seinen Testdaten überprüft, aber seine Qualität wird abschließend oft anhand von Benchmarks gemessen (z. B. UCI-Datensätze, Faces in the Wild, ImageNet). Dieses Problem ist weitreichender als andere Bias-Quellen: Eine nicht repräsentative Benchmark fördert die Entwicklung und den Einsatz von Modellen, die nur auf dem Teil der Daten gut abschneiden, der durch die Benchmark-Daten dargestellt wird. Ein Evaluationsbias ist also im Kern ein Repräsentationsbias, der in Form von existierenden Benchmark-Modellen eine Art historischen Bias bedingt. Evaluationsbias entsteht letztlich aus dem Wunsch, Modelle quantitativ miteinander zu vergleichen. Verschiedene Modelle auf eine Reihe externer Datensätze anzuwenden, dient diesem Zweck, wird jedoch häufig erweitert, um allgemeine Aussagen darüber zu machen, wie gut ein Modell ist. Solche Verallgemeinerungen sind oft statistisch nicht valide und können zu einer Überanpassung an eine bestimmte Benchmark führen. Dies ist besonders problematisch, wenn die Benchmark wie oben beschrieben unter historischem, Repräsentations- oder Messbias leidet.

7.1.7 Deployment Bias

Ein *Deployment Bias* (deutsch: *Anwendungsbias*) liegt vor, wenn es eine Diskrepanz zwischen dem ursprünglich geplanten Verwendungszweck eines Modells und der tatsächlichen Verwendung des Modells in der Praxis gibt. Dies tritt häufig auf, wenn ein System so gebaut und evaluiert wird, als wäre es vollständig autonom, während es in Wirklichkeit in einer komplexen soziotechnischen Umwelt betrieben wird, die durch institutionelle Strukturen und menschliche Entscheidungsträger moderiert wird (Selbst et al., 2019). In einigen Fällen produzieren Systeme beispielsweise Ergebnisse, die zuerst von menschlichen Entscheidungsträgern interpretiert werden müssen. Werden bei der Interpretation Fehlschlüsse gezogen, so sind trotz guter Leistung in der Modellvorhersage gravierende Konsequenzen für die Betroffenen die Folge.

Deployment Biases treten typischerweise in Kontexten auf, in denen Modellvorhersagen zur Ableitung von Interventionen missbraucht werden. Algorithmische Risikobewertungstools im Strafjustizkontext fallen häufig in diese Kategorie. Diese Risikobewertungstools sind Modelle, die dazu bestimmt sind, die Wahrscheinlichkeit vorherzusagen, dass eine Person in Zukunft ein Verbrechen begeht. In der Praxis werden diese Tools auf „Off-Label"-Weise verwendet (Collins, 2018), beispielsweise um die Länge einer Haftstrafe zu bestimmen. Da jedoch auch die Länge einer Haftstrafe die Rückfälligkeitswahrscheinlichkeit erhöht, endet dies in einer negativen Rückkopplungsschleife. Im Beispiel führt also das Modell durch die ungerechtfertigte Nutzung als Entscheidungsmodell zu einer sich selbst erfüllenden Prophezeiung.

Die meisten Deployment Biases beruhen dabei auf unzulässigen Kausalschlüssen. Ein Modell, das auf Beobachtungsdaten basiert und zur Vorhersage entwickelt wurde, kann nicht gleichzeitig als Entscheidungstool für zukünftige Interventionen verwendet werden (Stoye, 2009), da eine kontrafaktische Betrachtung hier unmöglich ist.

7.2 Machine Learning für mehr Fairness

Trotz der oben beschriebenen Probleme können ML-Modelle auch wirksam zur Verbesserung der Fairness eingesetzt werden. Wie in den voranstehenden Kapiteln dargelegt, lassen sich mit ML-Modellen komplexe Zusammenhänge gut abbilden und wie im Kap. 6 erörtert auch einzelne Features als zentral für diese Zusammenhänge identifizieren. Daher können ML-Modelle dazu verwendet werden, bestehende Ungerechtigkeiten in komplexen soziotechnischen Systemen zu entdecken (Fragkathoulas et al., 2024). So findet etwa Batool et al. (2023) in einer groß angelegten internationalen Übersichtsarbeit, dass neben leistungsbezogenen Merkmalen vor allem demografische Merkmale von Schülerinnen und Schülern für akademischen Erfolg prädiktiv sind. Damit zeigt sich, dass bis heute in Bildungssystemen in verschiedensten Ländern Ungerechtigkeiten in Bezug auf demografische Subgruppen bestehen. Des Weiteren geht ein Paradigmenwechsel hin zur Vorhersage auch mit einer Neubetrachtung der Features und damit mit Konsequenzen für die Featureauswahl einher.

In früheren Studien wurden regelmäßig demografische Daten verwendet, um ungleiche Leistungen in verschiedenen demografischen Gruppen zu erklären (Reilly et al., 2019; Zajda & Freeman, 2009). Im Zusammenhang mit ML haben neuere Studien gezeigt, dass Algorithmen, die große Datenmengen durchforsten, erschreckend erfolgreich bei der Vorhersage hochsensibler persönlicher Merkmale wie sexueller Orientierung, ethnischer Zugehörigkeit oder politischen und religiösen Ansichten sind (Kosinski et al., 2013), die leicht zur Diskriminierung verwendet werden können. Kotsiantis (2012) hat bereits vor mehr als zehn Jahren deutlich gemacht, dass demografische Daten auch zur Vorhersage von Schülerleistungen genutzt werden können – eine Möglichkeit, die sicherlich verlockend ist, aber wie oben gezeigt auf einen gefährlichen Weg führt. Um dem entgegenzuwirken, wurden ausgeklügelte Algorithmen vorgeschlagen, um faire ML-Modelle zu erstellen. Diese fairen ML-Modelle sind in der Lage, demografische Informationen zu berücksichtigen und gleichzeitig ungewollte Rückkopplungsschleifen zu vermeiden (Kilbertus et al., 2020; Kusner et al., 2017).

Neben den diagnostischen Fähigkeiten, Ungerechtigkeiten zu erkennen, tragen ML-Methoden auch zur Weiterentwicklung wissenschaftlicher Methodik an sich bei. An dieser Stelle sei beispielhaft der Beitrag des ML im Rahmen der Entwicklung von psychologischen und pädagogischen Messmodellen genannt. Hier wird ML verwendet, um bestehende Ungleichheiten in Bewertungsinstrumenten wie standardisierten Tests aufzudecken. Die Logik hinter der Vorgehensweise ist dabei die folgende: Die Vorhersage des Geschlechts oder des Migrationsstatus anhand

7.2 Machine Learning für mehr Fairness

einzelner Items sollte nicht möglich sein – auch nicht mit komplexen nichtlinearen ML-Algorithmen. Wenn wir jedoch in der Lage sind, dies zu tun, können wir die im IML-Abschnitt beschriebenen Techniken einsetzen, um die Ursachen für Ungleichheiten zu erkennen und die Aufgaben zu überarbeiten, welche die Ungerechtigkeiten verursacht haben (Kraus et al., 2024). Auch zur Identifikation möglicher benachteiligter Gruppen bei der Messung mit standardisierten psychometrischen Instrumenten werden ML-Algorithmen bereits erfolgreich eingesetzt (Strobl et al., 2015).

Abschließend bleibt festzustellen, dass das Forschungsgebiet des Fair ML noch sehr jung ist und eine „State-of-the-Art"-Lösung für viele Fragen und Probleme des Fair ML noch gefunden werden muss (Corbett-Davies & Goel, 2023). Dies ändert allerdings nichts daran, dass bei ML-Modellen, die Entscheidungen mit Konsequenzen für Individuen treffen, die Modellfairness untersucht und sichergestellt werden muss.

Glossar

Adaboost: Ein baumbasiertes Boosting-Verfahren mit Stümpfen, also Bäumen mit nur einem Split.
Adaptives Testdesign: Eine Testung, bei der sich die Schwierigkeit der Testitems der Fähigkeit der Testperson anpasst.
Algorithmus: Eine festgelegte Abfolge von Rechenschritten, die aus dem Learner das Modell macht.
Algorithmische Fairness: Die Eigenschaft, bestimmte Bevölkerungsgruppen nicht durch erhöhte oder verzerrte Vorhersagefehler zu benachteiligen.
Algorithmische Transparenz: Der Grad, zu dem einsehbar ist, wie ein Algorithmus zu Vorhersagen oder Entscheidungen gelangt.
Analysepipelines: Die Gesamtheit der Analyseschritte, welche aus den Rohdaten das Analyseergebnis produzieren. Eine Analysepipeline beinhaltet auch das Preprocessing der Daten.
Automatisches Recommender System: Eine Form von ML, welche Daten verwendet, um vorherzusagen, wonach Menschen suchen, und entsprechende Empfehlungen zu geben.
Backpropagation: Gradient Descent in einem aNN. Der zu minimierende Gradient ist jener der Loss-Funktion, welche alle Units des Modells beinhaltet.
Bagging: Kurz für Bootstrap-Aggregating. Bagging beschreibt die Aggregation eines Ensembles schwacher Learner, welche jeweils an einem Bootstrap der Stichprobe gebildet wurden. Das Prinzip ist ein Vorläufer des Random Forest, beinhaltet jedoch nicht den Prozess der Split-Variable-Randomization.
Batch Size: Die Anzahl der in einer Iteration als Trainingsdaten genutzten Menge an Datenpunkten in einem aNN. Nach einer Iteration wird der Gradient der Loss-Funktion ermittelt.

Bias von Modellen: Der Grad, zu dem ein Modell eine Anpassung an die Trainingsdaten verhindert.
Bias als Parameter in einem aNN: Intercept eines Neurons in einem aNN.
Big Data: Datenstäze, die sich durch extreme Größe, Vielfalt und (Wachstums-) Geschwindigkeit auszeichnen (im Englischen Volume, Variety und Velocity – die „drei V's").
Bootstrapping: Wiederholtes Ziehen aus einem Datensatz mit Zurücklegen, um neue Datensätze – typischerweise identischer Größe – aus einem existierenden Datensatz zu generieren.
Bootstrap-Sample: Ein Datensatz, der durch Bootstrapping entstanden ist.
Boxplot: Eine Abbildung einer oder mehrerer Verteilungen von Datenpunkten. Indiziert sind der Median, der Interquartilsabstand sowie die Extremwerte und Ausreißer.
Ceteris-Paribus-Diagramme (CP): Stellen den auf alle beobachteten Feature-Werte bedingten Zusammenhang eines speziellen Features mit dem Target innerhalb eines ML-Modells dar.
Counterfactuals: Kontrafaktische Erklärungen, welche die Prädiktion eines ML-Modells unter Annahme von Veränderungen in genau einer Variable beschreiben.
Dimensionalitätsreduktion: Die Reduktion von Variablen in einem Datensatz beispielsweise durch Zusammenfassen oder Filtern von Variablen.
Dummy-Kodierung: Kodierung von Kategorien einer Variable in den numerischen Werten „1" und „0", falls die Kategorie nicht gewählt wurde. p Kategorien resultieren dabei in $p - 1$ neuen Variablen, da die letzte Kategorie dadurch indiziert wird, dass alle vorhandenen Kategorienvariablen mit „0" kodiert sind.
Edge: Ein Strich oder Pfeil in einem Baumdiagramm, welcher die Verbindung zwischen zwei Knoten anzeigt.
Empfehlungsalgorithmen: Siehe Recommender Systems.
Empirical Risk: Der durchschnittliche Wert einer Loss-Funktion.
Ensemble: Eine Gesamtheit mehrerer Learner, welche alle zur Vorhersage beitragen.
Evaluation: Die Auswertung einer Diskrepanzfunktion, welche das Empirical Risk quantifiziert.
Eye-Tracking: Sensorbasiertes Verfahren zur feingranulierten Erfassung menschlicher Blickbewegungen.
Feature: Eine Variable, die beim ML zur Vorhersage der Target-Variable genutzt wird.

Feature Engineering: Das Bearbeiten von Feature-Variablen beim ML. Es beinhaltet auch das Generieren neuer Features aus vorhandenen.

Feature Extraction: Das Generieren von Feaures, die in ein ML-Modell einfließen. Hierunter fallen unter anderem die Extraktion von Skalenwerten, Komponenten, aber auch die Gewinnung numerischer Features aus Bild- oder Textdaten.

Feature Selection: Das Auswählen und Entfernen von Features, die von einem Learner oder Modell zur Vorhersage genutzt werden.

Feature Space: Der Bereich der Werte, die ein Feature annehmen kann.

Filtering: Eine statistische Auswahlmethode für Features, die für ein Modell genutzt werden.

Formative Beurteilung: Sukzessive, prozessbegleitende Evaluation und Bewertung des Lernfortschritts und -erfolgs.

Funktion: Eine Vorschrift, die einem Input genau einen Output zuweist.

Generalisierbarkeit: Der Grad, zu dem ein anhand einer Stichprobe gewonnenes Ergebnis auch außerhalb dieser Stichprobe gilt.

Gradient Boosting: Ein Boosting-Verfahren, bei dem der Gradient der Loss-Funktion ebenfalls durch einen Ensemble-Learner approximiert wird.

Gradient Descent: Ein Optimierungsalgorithmus, bei dem das Minimum durch schrittweises Auswerten des Gradienten approximiert wird.

Gradientenverfahren: Siehe Gradient Descent.

Ground Truth: Die empirischen Labels des Targets, auf deren Vorhersage ein Learner trainiert wird.

Hauptkomponentenanalyse: Eine Methode zur Extraktion von gemeinsamen Komponenten in mehrdimensionalen Datensätzen. Die Komponenten werden auf Basis gemeinsamer Varianz extrahiert und nach absteigender Größe geordnet.

Heatmap: Eine Abbildung, bei welcher auf der x- und y-Achse jeweils die Ausprägung einer Variable abgetragen ist, während die Ausprägung einer dritten Variable durch die Farbe des Datenpunkts indiziert ist. Häufig ist diese dritte Variable die zweidimensionale Wahrscheinlichkeitsdichte oder der Zusammenhang zwischen X und Y.

Hilbertraum: Ein vollständiger Vektorraum über den reellen oder komplexen Zahlen mit einem Skalarprodukt. Er ist eine Verallgemeinerung des Euklidischen Raums auf unendlich viele Dimensionen.

Hyperparameter Tuning: Das Anpassen der Hyperparameter eines Learners zwischen Trainingsdurchgängen zur Verbesserung der Vorhersage.

Imputation: Das Einsetzen von Werten für ehemals fehlende Werte.

Individual conditional expectation plots (ICEs): Stellen den auf alle beobachteten Featurewerte bedingten Zusammenhang eines speziellen Features mit dem Target innerhalb eines ML-Modells dar.
Interaktives Lesestrategietraining: Ein Trainingsprogramm, in dem durch kontinuierliches, qualitativ hochwertiges Feedback zwischen Lehrenden und Lernenden die Leseleistung verbessert wird.
Inferenzstatistik: Statistischer Ansatz, bei dem auf Basis von Verteilungsannahmen von Stichprobenergebnissen auf die Population geschlossen wird, aus welcher die Stichprobe gezogen wurde.
Jackknife-Schätzer: Eine Kreuzvalidierung, die n-fach mit $n - 1$ Fällen durchgeführt wird, sodass jeder Fall in genau einem Durchlauf nicht berücksichtigt wird.
Kernel-Funktion: Eine mathematische Funktion, die Elemente in einen anderen mathematischen Raum abbildet.
Klassifikation: Die Zuordnung von Datenpunkten zu Kategorien.
Kodierung: Die Zuordnung von Werten innerhalb einer Variable.
Koeffizienten: Ein Parameter zur Quantifizierung der Stärke eines Zusammenhangs.
Kollinearität: Der Grad, zu dem zwei Vektoren in dieselbe Richtung zeigen.
Konfirmatorische Faktorenanalyse: Ein Verfahren zur Extraktion latenter Variablen auf Basis einer Zerlegung der Kovarianzmatrix.
Kreuzvalidierung: Ein Verfahren zur Schätzung der Generalisierbarkeit von Ergebnissen, bei denen der Datensatz in k disjunkte Substichproben geteilt wird. Von diesen wird jede $k - 1$ mal als Trainingsstichprobe und einmal als Teststichprobe verwendet.
Künstliche Intelligenz (KI): Die Nutzung von computationalen Algorithmen und das Speichern von Information zur Simulation menschlicher Intelligenz.
Kurvenanpassung: Der Prozess der Adaption einer Funktion zur Beschreibung eines Datensatzes mit dem Ziel der Minimierung eines Abweichungskriteriums.
Lasso-Regression: Eine regularisierte Regression mit Penalisierungsterm, der den Betrag der Regressionsparameter einbezieht.
Latenter Faktorwert: Der Wert einer Person auf einer latenten Variable, welcher durch die Indikatoren der Variable und deren Faktorladungen determiniert wird.
Layer: Ein Ensemble von Funktionen in einem aNN. Ein Layer enthält immer nur einen Funktionstyp.
Learner: Eine Rechenvorschrift, nach der durch Training Strukturen in Daten gefunden werden sollen. Während des Trainings mit den Daten werden *Parame-*

ter des Learners schrittweise so angepasst, dass der Learner die Datenstrukturen sukzessive besser reproduziert.

Likelihood-Funktion: Eine Funktion, die die Plausibilität der Modellparameter auf Basis der Stichprobenergebnisse im Allgemeinen Linearen Modell abbildet.

Lineares Modell: Ein Modell, das den Zusammenhang zwischen den Features und dem Target ausschließlich linear in der Form $y = \beta X$ modelliert.

Lineare Regression: Ein linearer Ansatz zur Modellierung der Beziehung zwischen einem normalverteilten Target und einer oder mehreren erklärenden Variablen.

Loss-Funktion: Eine Funktion zur Evaluation der Vorhersagegüte eines ML-Modells.

Machine Learning: Ein computergestütztes Verfahren, um durch Algorithmen ein selbstständiges Lernen aus Erfahrungen zu initiieren.

Margin: Die Distanz zwischen der Entscheidungsgrenze und den nächsten Vektoren an dieser Entscheidungsgrenze bei einer SVM. Diese nächsten Vektoren sind die Support Vektoren.

Mobile Sensing: Das Sammeln von Daten aus mobilen Endgeräten wie Smartphones, Smartwatches, Fitnesstrackern und ähnlichen Instrumenten.

Modell: Ein trainierter Learner mit feststehenden Parameterausprägungen, also das Trainingsergebnis des Learners.

Modellfairness: Umfasst verschiedene Kennwerte, welche mögliche, systematische Vorhersagefehler für bestimmte Bevölkerungsgruppen quantifiziert.

Modellklasse: Eine Gruppe von Modellen, die auf gleichen Grundprinzipien aufbaut. Ein Beispiel ist die Klasse von Modellen, die Entscheidungsbäume und rekursives Partitionieren nutzen.

Modellperformanz: Die Prädiktivität eines Modells an unbekannten Daten, meist mithilfe einer Kreuzvalidierung ermittelt, somit das Gegenstück des Generalisierungsfehlers.

Natürliche Sprachverarbeitung: Die Anwendung computergestützter Verfahren zur Analyse und Synthese von natürlicher Sprache aus Schrift und Ton.

Neuronale Netzwerkmodelle: Eine Klasse von ML-Modellen, die an (artifizielle) neuronale Netzwerke erinnert und den Bereich des Deep Learning definiert. aNNs bestehen aus verbundenen Schichten von (typischerweise simplen) Funktionen.

Node: Eine Komponente eines mathematischen Baumes. Der Punkt, an dem die Stichprobe in Substichproben unterteilt wird.

Noise: Der nicht reduzierbare Teil des Fehlers bei einer Vorhersage. Alle in Zufallsstichproben existierenden Datenpunkte unterliegen diesem Rauschen.

Nicht-supervidiertes Lernen: Eine Form von ML, die ohne Zielvariable arbeitet. Der Algorithmus sucht nach vorgegebenen Strukturregeln und organisiert die Daten nach diesen.

Optimierungsvorschrift: Eine Vorschrift für die schrittweise Anpassung der Parameter in einem Modell. Sie optimiert das Modell durch die Minimierung des empirischen Risikos.

Out-of-Bag-Error: Der Vorhersagefehler eines Random Forests, der entsteht, wenn jeder Fall nur von den Bäumen vorhergesagt wird, bei denen er nicht Teil des zugehörigen Bootstrap-Datensatzes war. Der Fehler wird über alle n Fälle gemittelt.

Overfitting: Die zu starke Anpassung eines Modells an Daten, sodass die Generalisierbarkeit gering ist.

Parametertuning: Siehe Hyperparametertuning.

PD-Plot: Stellt den marginalen Zusammenhang eines Features mit dem Target innerhalb eines ML-Modells dar.

Permutation-Importance-Verfahren: Ein Verfahren zur Bestimmung der Variable Importance, bei dem die Werte jedes Features der Reihe nach permutiert werden, um den damit einhergehenden Verlust von Modellperformanz zu erfassen.

Permutationsmethode: Siehe Permutation-Importance-Verfahren.

Polynom: Ein mathematischer Ausdruck aus Variablen, Konstanten und Exponenten, die durch Operationen wie Addition, Multiplikation und Potenzieren kombiniert werden.

Prädiktivität: Der Grad, zu dem ein Modell neue Daten korrekt vorhersagt.

Prädiktorvariablen: Siehe Features.

Radial Basis Function: Ein häufig bei SVMs eingesetzter Kernel, der eine Transformation in einen höherdimensionalen Raum durchführt und einen Tuningparameter γ für die Stärke der Anpassung an die Daten enthält.

Random Forest: Ein ML-Learner, der die Ergebnisse mehrerer Entscheidungsbäume aggregiert. Zur Vermeidung von Overfitting induziert er Zufälligkeit in die Vorhersage jedes einzelnen Baumes.

Repräsentation: Ein Set parametrisierter Funktionen, welche im Prozess des Modellfittings gewählt werden können.

Regression: Die Modellierung der Beziehung zwischen einem Target und einer oder mehreren erklärenden Variablen. Im ML-Kontext wird der Begriff Regression nur für numerische Targets genutzt.

Regressionsbaum: Ein mathematischer Entscheidungsbaum mit numerischem Target.

Regularisierung: Die Implementierung eines Penalisierungsterms in die Loss-Funktion eines Learner, um dem Overfitting durch das Schrumpfen von Parametern entgegenzuwirken.
Reinforcement Learning: Eine Lernart, bei welcher der Algorithmus einem Belohnungssystem folgt, innerhalb dessen er die Belohnung zu maximieren sucht.
Resampling: Der Prozess der Modellevaluation durch Aufteilung des Datensatzes in Trainings- und Teststichprobe. Der Learner wird an der Trainingsstichprobe trainiert und an der Teststichprobe evaluiert. Dieser Prozess wird mit Teststichproben wiederholt.
Ridge-Regression: Eine regularisierte Regression mit Penalisierungsterm, der das Quadrat der Regressionsparameter einbezieht.
Skalierung: Eine Anpassung von Werten an andere Maßstäbe. Ein Beispiel ist die Standardisierung, welche alle Werte einer Variable durch deren Standardabweichung teilt.
Soft-Margin-Klassifizierer: Ein Klassifikationsmodell auf SVM-Basis, das auch Datenpunkte einbezieht, die nicht direkt auf den Margins liegen.
Split: Die Aufteilung der Stichprobe in einem mathematischen Entscheidungsbaum anhand der Ausprägung eines Features.
Splitting Criterion: Funktion, nach welcher der (optimale) Split in einem mathematischen Entscheidungsbaum bestimmt wird.
Split-Variable-Randomization: Die zufällige Auswahl von m der p Features in einem Datensatz für jeden Split eines Entscheidungsbaums in einem Random Forest. Typischerweise wird $m = \sqrt{p}$ oder $m = \frac{p}{3}$ gesetzt.
Sprachmodelle: Siehe natürliche Sprachverarbeitung.
Stratifizierung: Die Beibehaltung von Verhältnissen von Stichprobeneigenschaften bei der Unterteilung der Stichprobe. Beispielsweise kann das Verhältnis von Kindern verschiedener Klassenstufen bei der Aufteilung der Gesamtstichproben in Trainings- und Teststichprobe beibehalten werden.
Streudiagramm: Ein Diagramm, das die Ausprägungen zweier Variablen in einem kartesischen Koordinatensystem anzeigt.
Supervidiertes Lernen: Eine Form des ML, bei der dem Algorithmus eine Target-Variable gegeben wird, deren Labels durch Kombinationen der Features vorhergesagt werden.
Support-Vektoren: Die nächsten Datenpunkte an einer Entscheidungslinie bei einer SVM.
Target: Siehe Target-Variable.

Target-Variable: Die vorherzusagende Variable in einem Modell.
Testset: Ein Teil der Gesamtstichprobe, der zum Testen des durch Training gewonnenen Modells genutzt wird.
Trainingset: Ein Teil der Gesamtstichprobe, der zum Training des Learners genutzt wird.
Transkription: Nach vorab genau festgelegten Richtlinien erfolgende detaillierte Übertragung von komplexem, oftmals nicht schriftlichem Datenmaterial (z. B. Video- oder Tonaufnahmen) in eine schriftliche Form zur einfacheren Kodierung und Weiterverarbeitung.
Tuning: Siehe Hyperparametertuning.
Tutorensysteme: KI-basierte Unterstützungsalgorithmen in multimedialen Lernplattformen, die u. a. individuelles Feedback auf Lernaufgaben geben, darauf fußend weitere Lernschritte empfehlen und planen bzw. auch persönliche Lernentwicklungen begleiten und diagnostizieren können.
Underfit: Eine zu geringe Anpassung eines Modells an die Trainingsdaten.
Universalapproximatoren: Eine aus den 80er-Jahren stammende Bezeichnung für aNNs.
Validität: Der Grad, zu dem das Merkmal gemessen wird, das gemessen werden soll.
Variable Importance Measures: Verfahren zur Bestimmung der Wichtigkeit einzelner Features in einem ML-Modell.
Variance: Im ML-Kontext ist die Variance die Unterschiedlichkeit zwischen Modellen, die an verschiedenen Datensätzen trainiert wurden.
Virtuelle Assistenten: Siehe Tutorensysteme.
Vorhersage: Die Herleitung von angenommenen Labels für die Target-Variable auf Basis der Features.
Vorhersageleistung: Siehe Prädiktivität.
Wertebereich: Die Menge an Werten, die eine Variable annehmen kann.
Zielvariable: Siehe Target-Variable.

Literaturverzeichnis

Asthana, P. & Hazela, B. (2020). Applications of machine learning in improving learning environment. In S. Tanwar, S. Tyagi & N. Kumar (Hrsg.), *Multimedia big data computing for IoT applications* (S. 417–433). Springer.
Athey, S. & Imbens, G. W. (2019). Machine learning methods that economists should know about. *Annual Review of Economics, 11,* 685–725. https://doi.org/10.1146/annurev-economics-080217-053433
Baker, R. S. & Yacef, K. (2009). The state of educational data mining in 2009: A review and future visions. *Journal of Educational Data Mining, 1*(1), 3–17 https://doi.org/10.5281/zenodo.3554657
Balyan, R., McCarthy, K. S. & McNamara, D. S. (2017). Combining machine learning and natural language processing to assess literary text comprehension. In A. Hershkovitz & L. Paquette (Hrsg.), *Proceedings of the 10th International Conference on Educational Data Mining* (S. 244–249). International Educational Data Mining Society.
Barkley, J. E. & Lepp, A. (2016). Mobile phone use among college students is a sedentary leisure behavior which may interfere with exercise. *Computers in Human Behavior, 56,* 29–33. https://doi.org/10.1016/j.chb.2015.11.001
Batool, S., Rashid, J., Nisar, M. W., Kim, J., Kwon, H.-Y. & Hussain, A. (2023). Educational data mining to predict students' academic performance: A survey study. *Education and Information Technologies, 28*(1), 905–971. https://doi.org/10.1007/s10639-022-11152-y
Beach, P. & McConnel, J. (2019). Eye tracking methodology for studying teacher learning: A review of the research. *International Journal of Research & Method in Education, 42*(5), 485–501. https://doi.org/10.1080/1743727X.2018.1496415
Berggren, S. J., Rama, T. & Øvrelid, L. (2019). Regression or classification? Automated essay scoring for norwegian. In H. Yannakoudakis, E. Kochmar, C. Leacock, N. Madnani, I. Pilán & T. Zesch (Hrsg.), *Proceedings of the Fourteenth Workshop on Innovative Use of NLP for Building Educational Applications.* (S. 92–102). Association for Computational Linguistics. https://doi.org/10.18653/v1/W19-4409
Biecek, P. & Burzykowski, T. (2021). *Explanatory model analysis: Explore, explain, and examine predictive models.* Chapman and Hall/CRC. https://doi.org/10.1201/9780429027192

Bimba, A. T., Idris, N., Al-Hunaiyyan, A., Mahmud, R. B. & Shuib, N. L. B. M. (2017). Adaptive feedback in computer-based learning environments: A review. *Adaptive Behaviour*, *25*(5), 217–234. https://doi.org/10.1177/1059712317727590

Black, P. & Wiliam, D. (1998). Assessment and classroom learning. *Assessment in Education: Principles, Policy & Practice*, *5*(1), 7–74. https://doi.org/10.1080/0969595980050102

Bleidorn, W. & Hopwood, C. J. (2019). Using machine learning to advance personality assessment and theory. *Personality and Social Psychology Review*, *23*(2), 190–203. https://doi.org/10.1177/1088868318772990

Blikstein, P. & Worsley, M. (2016). Multimodal learning analytics and education data mining: Using computational technologies to measure complex learning tasks. *Journal of Learning Analytics*, *3*(2), 220–238. http://doi.org/10.18608/jla.2016.32.11

Boeschoten, L., van Kesteren, E.-J., Bagheri, A. & Oberski, D. L. (2021). Achieving fair inference using error-prone outcomes. *International Journal of Interactive Multimedia and Artificial Intelligence*, *6*(5), 9–15. https://doi.org/10.9781/ijimai.2021.02.007

Boyd, R. L., Pasca, P. & Lanning, K. (2020). The personality panorama: Conceptualizing personality through big behavioural data. *European Journal of Personality*, *34*(5), 599–612. https://doi.org/10.1002/per.2254

Breiman, L. (1996). Bagging predictors. *Machine Learning*, *24*, 123–140. https://doi.org/10.1007/BF00058655

Breiman, L. (2001). Random forests. *Machine Learning*, *45*, 5–32. https://doi.org/10.1023/A:1010933404324

Breiman, L. (2001). Statistical modeling: The two cultures (with comments and a rejoinder by the author). *Statistical Science*, *16*(3), 199–231. https://doi.org/10.1214/ss/1009213726

Budimir, S., Beierle, F., Zimmermann, J., Allemand, M., Neff, P., Pryss, R., Stieger, S., Probst, T. & Schlee, W. (2020). Frequency and duration of daily smartphone usage in relation to personality traits. *Digital Psychology*, *1*(1), 20–28. https://doi.org/10.24989/dp.v1i1.1821

Bühner, M. (2011). *Einführung in die Test-und Fragebogenkonstruktion*. Pearson

Buolamwini, J. & Gebru, T. (2018). Gender shades: Intersectional accuracy disparities in commercial gender classification. In S. A. Friedler & C. Wilson (Hrsg.). *Proceedings of the First Conference on Fairness, Accountability and Transparency* (S. 77–91). PMLR.

Carey, A. N. & Wu, X. (2023). The statistical fairness field guide: Perspectives from social and formal sciences. *AI and Ethics*, *3*(1), 1–23. https://doi.org/10.1007/s43681-022-00183-3

Chen, T., He, T., Benesty, M., Khotilovich, V., Tang, Y., Cho, H., Chen, K., Mitchell, R., Cano, I. & Zhou, T. (2015). Xgboost: Extreme gradient boosting. *R Package Version 0.4-2*, *1*(4), 1–4.

Ciolacu, M., Tehrani, A. F., Beer, R. & Popp, H. (2017). Education 4.0—Fostering student's performance with machine learning methods. In *2017 IEEE 23rd International Symposium for Design and Technology in Electronic Packaging (SIITME)* (S. 438–443). IEEE. https://doi.org/10.1109/SIITME.2017.8259941

Čisar, S. M., Čisar, P. & Pinter, R. (2016). Evaluation of knowledge in object oriented programming course with computer adaptive tests. *Computers Education*, *92–93*, 142–160. https://doi.org/10.1016/j.compedu.2015.10.016

Collins, E. (2018). Punishing risk. *The Georgetown Law Journal*, *107*(1), 57–108.
Corbett-Davies, Gaebler, J. D., Nilforoshan, H., Shroff, R. S. & Goel, S. (2023). The measure and mismeasure of fairness. *Journal of Machine Learning Research*, *24*(312), 1–117. https://doi.org/10.48550/arXiv.1808.00023
Cornet, V. P. & Holden, R. J. (2018). Systematic review of smartphone-based passive sensing for health and wellbeing. *Journal of Biomedical Informatics*, *77*, 120–132. https://doi.org/10.1016/J.JBI.2017.12.008
Cortes, C. & Vapnik, V. (1995). Support-vector networks. *Machine learning*, *20*, 273–297. https://doi.org/10.1007/BF00994018
Crawford, K. (2021). *The Atlas of AI: Power, Politics, and the Planetary Costs of Artificial Intelligence*. Yale University Press.
Dandl, S., Molnar, C., Binder, M. & Bischl, B. (2020). Multi-Objective Counterfactual Explanations. In T. Bäck, M. Preuss, A. Deutz, H. Wang, C. Doerr, M. Emmerich & H. Trautmann (Hrsg.), *Parallel Problem Solving from Nature - PPSN XVI. 16th International Conference, PPSN 2020, Leiden, The Netherlands, September 5–9, 2020, Proceedings, Part I* (S. 448–469). https://doi.org/10.1007/978-3-030-58112-1_31
Darling-Hammond, L. (2000). Teacher quality and student achievement. *Education Policy Analysis Archives*, *8*(1), 1–44. https://doi.org/10.14507/epaa.v8n1.2000
Deb, K., Pratap, A., Agarwal, S. & Meyarivan, T. (2002). A fast and elitist multiobjective genetic algorithm: NSGA-II. *IEEE Transactions on Evolutionary Computation*, *6*(2), 182–197. https://doi.org/10.1109/4235.996017
Domingos, P. (2000). A unified bias-variance decomposition and its applications. In P. Langley (Hrsg.), *Proceedings of 17th International Conference on Machine Learning* (S. 231–238). Morgan Kaufmann.
Domingos, P. (2012). A few useful things to know about machine learning. *Communications of the ACM*, *55*(10), 78–87. https://doi.org/10.1145/2347736.2347755
Donders, A. R. T., van Der Heijden, G. J. M. G., Stijnen, T. & Moons, K. G. M. (2006). A gentle introduction to imputation of missing values. *Journal of Clinical Epidemiology*, *59*(10), 1087–1091. https://doi.org/10.1016/j.jclinepi.2006.01.014
Doshi-Velez, F. & Kim, B. (2017). Towards a rigorous science of interpretable machine learning. *arXiv Machine Learning*. https://doi.org/10.48550/arXiv.1702.08608
Eagle, N. & Pentland, A. (2006). Reality mining: Sensing complex social systems. *Personal and Ubiquitous Computing*, *10*(4), 255–268. https://doi.org/10.1007/s00779-005-0046-3
Eberl, A., Kühn, J. & Wolbring, T. (2022). Using deepfakes for experiments in the social sciences-A pilot study. *Frontiers in Sociology*, *7*, 907199. https://doi.org/10.3389/fsoc.2022.907199
Efron, B. & Hastie, T. (2016). *Computer age statistical inference. Algorithms, evidence, and data science*. Cambridge University Press. https://doi.org/10.1017/CBO9781316576533
Efron, B. & Tibshirani, R. J. (1994). *An introduction to the bootstrap*. Chapman and Hall/CRC. https://doi.org/10.1201/9780429246593
Egger, R. & Yu, J. (2022). A topic modeling comparison between LDA, NMF, Top2Vec, and BERTopic to demystify twitter posts. *Frontiers in Sociology*, *7*, 886498. https://doi.org/10.3389/fsoc.2022.886498
Fahrmeir, L., Kneib, T., Lang, S., Marx, B. D. (2021). *Regression. Models, methods and applications* (2. Aufl.). Springer. https://doi.org/10.1007/978-3-662-63882-8

Falmagne, J.-C., Albert, D., Doble, C., Eppstein, D. & Hu, X. (2013). *Knowledge spaces: Applications in education.* Springer. https://doi.org/10.1007/978-3-642-35329-1

Ferrant, G., Pesando, L. M. & Nowacka, K. (2014). *Unpaid care work: The missing link in the analysis of gender gaps in labour outcomes.* OECD Publishing. https://doi.org/10.1787/1f3fd03f-en

Filmer, D., Nahata, V. & Sabarwal, S. (2022). *Preparation, practice, and beliefs: A machine learning approach to understanding teacher effectiveness.* University of Oxford. Preprint. https://doi.org/10.25446/oxford.21107947.v1

Fragkathoulas, C., Papanikou, V., Karidi, D. P. & Pitoura, E. (2024). On Explaining Unfairness: An Overview. In *2024 IEEE 40th International Conference on Data Engineering Workshops (ICDEW)* (S. 226–236). IEEE. https://doi.org/10.1109/ICDEW61823.2024.00035

Freund, Y. & Schapire, R. E. (1997). A decision-theoretic generalization of on-line learning and an application to boosting. *Journal of Computer and System Sciences, 55*(1), 119–139. https://doi.org/10.1006/jcss.1997.1504

Friedman, J., Hastie, T. & Tibshirani, R. (2001). *The elements of statistical learning.* Springer.

Gipps, C. & Stobart, G. (2009). Fairness in assessment. In C. Wyatt-Smith & J. Cumming (Hrsg.), *Educational Assessment in the 21st Century. Connecting theory and practice* (S. 105–118). Springer. https://doi.org/10.1007/978-1-4020-9964-9_6

Goldberg, P., Sümer, Ö., Stürmer, K., Wagner, W., Göllner, R., Gerjets, P., Kasneci, E. & Trautwein, U. (2021). Attentive or not? Toward a machine learning approach to assessing students' visible engagement in classroom instruction. *Educational Psychology Review, 33*, 27–49. https://doi.org/10.1007/s10648-019-09514-z

Goldstein, A., Kapelner, A., Bleich, J. & Pitkin, E. (2015). Peeking inside the black box: Visualizing statistical learning with plots of individual conditional expectation. *Journal of Computational and Graphical Statistics, 24*(1), 44–65. https://doi.org/10.1080/10618600.2014.907095

Gomaa, W. H. & Fahmy, A. A. (2020). Ans2vec: A scoring system for short answers. In A. E. Hassanien, A. T. Azar, T. Gaber, R. Bhatnagar & M. F. Tolba (Hrsg.), *The International Conference on Advanced Machine Learning Technologies and Applications (AMLTA2019)* (S. 586–595). Springer. https://doi.org/10.1007/978-3-030-14118-9_59

Gonzáles-Brenes, J. P. & Huang, Y. (2015). Your model is predictive–but is it useful? Theoretical and empirical considerations of a new paradigm for adaptive tutoring evaluation. In O. C. Santos, J. G. Boticario, C. Romero, M. Pechenizkiy, A. Merceron, P. Mitros, J. M. Luna, C. Mihaescu, P. Moreno, A. Hershkovitz, S. Ventura & M. Desmarais (Hrsg.), *Proceedings of the 8th International Conference on Educational Data Mining* (S. 187–194).

Grimmer, J., Roberts, M. E. & Stewart, B. M. (2021). Machine learning for social science: An agnostic approach. *Annual Review of Political Science, 24*, 395–419. https://doi.org/10.1146/annurev-polisci-053119-015921

Hadler, M., Klösch, B., Reiter-Haas, M. & Lex, E. (2022). Combining survey and social media data: Respondents' opinions on COVID-19 measures and their willingness to provide their social media account information. *Frontiers in Sociology, 7*, 885784. https://doi.org/10.3389/fsoc.2022.885784

Haensch, A.-C., Weiß, B., Steins, P., Chyrva, P. & Bitz, K. (2022). The semiautomatic classification of an open-ended question on panel survey motivation and its application in attrition analysis. *Frontiers in Big Data, 5*, 880554. https://doi.org/10.3389/fdata.2022. 880554

Harari, G. M., Gosling, S. D., Wang, R., Chen, F., Chen, Z. & Campbell, A. T. (2017). Patterns of behavior change in students over an academic term: A preliminary study of activity and sociability behaviors using smartphone sensing methods. *Computers in Human Behavior, 67*, 129–138. https://doi.org/10.1016/j.chb.2016.10.027

Harari, G. M., Müller, S. R., Aung, M. S. H. & Rentfrow, P. J. (2017). Smartphone sensing methods for studying behavior in everyday life. *Current Opinion in Behavioral Sciences, 18*, 83–90. https://doi.org/10.1016/j.cobeha.2017.07.018

Harari, G. M., Müller, S. R. & Gosling, S. D. (2018). Naturalistic assessment of situations using mobile sensing methods. In J. F. Rauthmann, R. A. Sherman & D. C. Funder (Hrsg.), *The Oxford handbook of psychological situations* (S. 299–311). Oxford University Press. https://doi.org/10.1093/oxfordhb/9780190263348.013.14

Harari, G. M., Müller, S. R., Stachl, C., Wang, R., Wang, W., Bühner, M., Rentfrow, P. J., Campbell, A. T. & Gosling, S. D. (2020). Sensing sociability: Individual differences in young adults' conversation, calling, texting, and app use behaviors in daily life. *Journal of Personality and Social Psychology, 119*(1), 204–228. https://doi.org/10.1037/pspp0000245

Hasselhorn, M. & Gold, A. (2022). *Pädagogische Psychologie. Erfolgreiches Lernen und Lehren* (5. Aufl.). Kohlhammer.

Hattie, J. & Gan, M. (2011). Instruction based on feedback. In R. E. Mayer & P. A. Alexander (Hrsg.), *Handbook of research on learning and instruction* (S. 249–271). Routledge.

Hattie, J. & Timperley, H. (2007). The power of feedback. *Review of Educational Research, 77*(1), 81–112. https://doi.org/10.3102/003465430298487

Hellas, A., Ihantola, P., Petersen, A., Ajanovski, V. V., Gutica, M., Hynninen, T., Knutas, A., Leinonen, J., Messom, C. & Liao, S. N. (2018). Predicting academic performance: a systematic literature review. In G. Rößling & B. Scharlau (Hrsg.), ITiCSE 2018 Companion: *Proceedings Companion of the 23rd Annual ACM Conference on Innovation and Technology in Computer Science Education* (S. 175–199). Association for Computing Machinery. https://doi.org/10.1145/3293881.3295783

Hilbert, S., Coors, S., Kraus, E., Bischl, B., Lindl, A., Frei, M., Wild, J., Krauss, S., Goretzko, D. & Stachl, C. (2021). Machine learning for the educational sciences. *Review of Education, 9*(3), e3310. https://doi.org/10.1002/rev3.3310

Hilbert, S., Stadler, M., Lindl, A., Naumann, F. & Bühner, M. (2019). Analyzing longitudinal intervention studies with linear mixed models. *TPM: Testing, Psychometrics, Methodology in Applied Psychology, 26*(1), 101–119.

Hothorn, T., Bühlmann, P., Kneib, T., Schmid, M. & Hofner, B. (2010). Model-based boosting 2.0. *Jounal of Machine Learning Research 11*, 2109–2113.

Irving, G. & Askell, A. (2019). AI safety needs social scientists. *Distill, 4*(2), e14. https://doi.org/10.23915/distill.00014

James, G., Witten, D., Hastie, T., Tibshirani, R. & Taylor, J. (2013). *An introduction to statistical learning. With applications in Python*. Springer. https://doi.org/10.1007/978-3-031-38747-0

Jordan, M. I. & Mitchell, T. M. (2015). Machine learning: Trends, perspectives, and prospects. *Science, 349*(6245), 255–260. https://doi.org/10.1126/science.aaa8415

Juhaňák, L., Zounek, J. & Rohlíková, L. (2019). Using process mining to analyze students' quiz-taking behavior patterns in a learning management system. *Computers in Human Behavior*, *92*, 496–506. https://doi.org/10.1016/j.chb.2017.12.015

Kennedy, J. (2014). Characteristics of massive open online courses (MOOCs): A research review, 2009–2012. *Journal of Interactive Online Learning*, *13*(1), 1–16.

Kern, C., Bach, R. L., Mautner, H. & Kreuter, F. (2021). *Fairness in algorithmic profiling: A German case study. arXiv preprint*. https://doi.org/10.48550/arXiv.2108.04134

Kilbertus, N., Ball, P. J., Kusner, M. J., Weller, A. & Silva, R. (2020). The sensitivity of counterfactual fairness to unmeasured confounding. In R. P. Adams & V. Gogate (Hrsg.), *Proceedings of the 35th Uncertainty in Artificial Intelligence Conference, PMLR 115* (S. 616–626). PMLR.

Kline, R. B. (2023). *Principles and practice of structural equation modeling* (5. Aufl.). Guilford Publications.

Kochmar, E., Vu, D. D., Belfer, R., Gupta, V., Serban, I. V. & Pineau, J. (2020). Automated personalized feedback improves learning gains in an intelligent tutoring system. In I. I. Bittencourt, M. Cukurova, K. Muldner, R. Luckin & E. Millán (Hrsg.), *Artificial intelligence in education. AEID 2020* (S. 140–146). Springer. https://doi.org/10.1007/978-3-030-52240-7_26

Kopp, K. J., Johnson, A. M., Crossley, S. A. & McNamara, D. S. (2017). Assessing question quality using natural language processing. In B. Boulay, R. Baker & E. Andre (Hrsg.), *Proceedings of the 18th International Conference on Artificial Intelligence in Education (AIED*; S. 201–211). Springer.

Kosinski, M., Matz, S. C., Gosling, S. D., Popov, V. & Stillwell, D. (2015). Facebook as a research tool for the social sciences: Opportunities, challenges, ethical considerations, and practical guidelines. *American Psychologist*, *70*(6), 543–556.

Kosinski, M., Stillwell, D. & Graepel, T. (2013). Private traits and attributes are predictable from digital records of human behavior. *Proceedings of the National Academy of Sciences*, *110*(15), 5802–5805. https://doi.org/10.1073/pnas.1218772110

Kotsiantis, S. B. (2012). Use of machine learning techniques for educational proposes: A decision support system for forecasting students' grades. *Artificial Intelligence Review*, *37*(4), 331–344. https://doi.org/10.1007/s10462-011-9234-x

Kraus, E. & Kern, C. (2024). Measurement modeling of predictors and outcomes in algorithmic fairness. In *CEUR Workshop Proceedings* (Vol. 3908, pp. 1–18).

Kraus, E., Wild, J. & Hilbert, S. (2024). Using interpretable machine learning for differential item functioning detection in psychometric tests. *Applied Psychological Measurement*, *48*(4–5), 167–186. https://doi.org/10.1177/01466216241238744

Kučak, D., Juričić, V. & Đambić, G. (2018). Machine learning in education - a survey of current research trends. In B. Katalinic (Hrsg.), *Proceedings of the 29th DAAAM International Symposium* (S. 0406–0410). DAAAM International. https://doi.org/10.2507/29th.daaam.proceedings.059

Kuhn, M. & Johnson, K. (2013). *Applied predictive modeling*. Springer. https://doi.org/10.1007/978-1-4614-6849-3

Kuhn, M. & Silge, J. (2022). *Tidy modeling with R. A framework for modeling in the Tidyverse*. O'Reilly Media.

Kulik, J. A. & Fletcher, J. D. (2016). Effectiveness of intelligent tutoring systems: A meta-analytic review. *Review of Educational Research, 86*(1), 42–78. https://doi.org/10.3102/0034654315581420

Kunter, M., Baumert, J., Blum, W., Klusmann, U., Krauss, S. & Neubrand, M. (2013). *Cognitive activation in the mathematics classroom and professional competence of teachers: Results from the COACTIV project.* Springer. https://doi.org./10.1007/978-1-4614-5149-5

Kunter, M., Klusmann, U., Baumert, J., Richter, D., Voss, T. & Hachfeld, A. (2013). Professional competence of teachers: Effects on instructional quality and student development. *Journal of Eduactional Psychology, 105*(3), 805–820.

Kusner, M. J., Loftus, J., Russell, C. & Silva, R. (2017). Counterfactual fairness. In I. Guyon, U. Von Luxburg, S. Bengio, H. Wallach, R. Fergus, S. Vishwanathan & R. Garnett (Hrsg.), *Advances in Neural Information Processing Systems 30 (NIPS 2017)* (S. 4066–4076). NeurIPS.

Kusner, M. J. & Loftus, J. R. (2020). The long road to fairer algorithms. *Nature, 578*(7793), 34–36.

Lambiotte, R. & Kosinski, M. (2014). Tracking the digital footprints of personality. *Proceedings of the IEEE, 102*(12), 1934–1939. https://doi.org/10.1109/JPROC.2014.2359054

Lane, N. D., Miluzzo, E., Lu, H., Peebles, D., Choudhury, T. & Campbell, A. T. (2010). A survey of mobile phone sensing. *IEEE Communications Magazine, 48*(9), 140–150. https://doi.org/10.1109/MCOM.2010.5560598

Lang, M., Binder, M., Richter, J., Schratz, P., Pfisterer, F., Coors, S., Au, Q., Casalicchio, G., Kotthoff, L. & Bischl, B. (2019). mlr3: A modern object-oriented machine learning framework in R. *Journal of Open Source Software, 4*(44), 1903. https://doi.org/10.21105/joss.01903

Leitgöb, H., Prandner, D. & Wolbring, T. (2023). Big data and machine learning in sociology. *Frontiers in Sociology, 8*, 1173155. https://doi.org/10.3389/fsoc.2023.1173155

Lindl, A., Krauss, S., Schilcher, A. & Hilbert, S. (2020). Statistical Methods in Transdisciplinary Educational Research. *Frontiers in Education, 5*, 97. https://doi.org/10.3389/feduc.2020.00097

Liu, L. T., Dean, S., Rolf, E., Simchowitz, M. & Hardt, M. (2018). Delayed impact of fair machine learning. In J. Dy & A. Krause (Hrsg.), *Proceedings of the 35th International Conference on Machine Learning, PLMR 80* (S. 3150–3158). PLMR.

Lundberg, I., Brand, J. E. & Jeon, N. (2022). Researcher reasoning meets computational capacity: Machine learning for social science. *Social Science Research, 108*, 102807. https://doi.org/10.1016/j.ssresearch.2022.102807

Lykourentzou, I., Giannoukos, I., Nikolopoulos, V., Mpardis, G. & Loumos, V. (2009). Dropout prediction in e-learning courses through the combination of machine learning techniques. *Computers & Education, 53*(3), 950–965. https://doi.org/10.1016/j.compedu.2009.05.010

Mashek, D. & Hammer, E. Y. (2011). *Empirical research in teaching and learning: Contributions from social psychology.* Wiley.

McCulloch, W. S. & Pitts, W. (1943). A logical calculus of the ideas immanent in nervous activity. *The Bulletin of Mathematical Biophysics, 5*(4), 115–133.

Molina, M. & Garip, F. (2019). Machine learning for sociology. *Annual Review of Sociology, 45*, 27–45. https://doi.org/10.1146/annurev-soc-073117-041106

Molnar, C. (2020). *Interpretable Machine Learning. A guide for making black box models interpretable*. Lulu.
Molnar, C., König, G., Herbinger, J., Freiesleben, T., Dandl, S., Scholbeck, C. A., Casalicchio, G., Grosse-Wentrup, M. & Bischl, B. (2022). General Pitfalls of Model-Agnostic Interpretation Methods for Machine Learning Models. In A. Holzinger, R. Goebel, R. Fong, T. Moon, K. R. Müller & W. Samek (Hrsg.), *xxAI - Beyond Explainable AI. Lecture Notes in Artificial Intelligence* (S. 39–68). Springer. https://doi.org/10.1007/978-3-031-04083-2_4
Montag, C., Błaszkiewicz, K., Sariyska, R., Lachmann, B., Andone, I., Trendafilov, B., Eibes, M. & Markowetz, A. (2015). Smartphone usage in the 21st century: Who is active on WhatsApp? *BMC Research Notes, 8*(1), 331. https://doi.org/10.1186/s13104-015-1280-z
Mullainathan, S. & Spiess, J. (2017). Machine learning: An applied econometric approach. *Journal of Economic Perspectives, 31*(2), 87–106. https://doi.org/10.1257/jep.31.2.87
Munnes, S., Harsch, C., Knobloch, M., Vogel, J. S., Hipp, L. & Schilling, E. (2022). Examining sentiment in complex texts. A comparison of different computational approaches. *Frontiers in Big Data, 5*, 886362. https://doi.org/10.3389/fdata.2022.886362
Nafea, I. T. (2018). Machine learning in educational technology. In H. Ferhadi (Hrsg.), *Advanced techniques and emerging applications* (S. 175–183). IntechOpen. https://doi.org/10.5772/intechopen.72906
Naidu, V. R., Singh, B., Al Farei, K. & Al Suqri, N. (2020). Machine learning for flipped teaching in higher education. In A. Al-Masri & Y. Al-Assaf (Hrsg.), *Sustainable Develeopment and Social Responsibility - Volume 2. Proceedings of the 2nd American University in the Emirates International Research Conference, AUEIRC'18–Dubai, UAE 2018* (S. 129–132). Springer. https://doi.org/10.1007/978-3-030-32902-0_16
Nguyen, H., Tsolak, D., Karmann, A., Knauff, S. & Kühne, S. (2022). Efficient and reliable geocoding of German Twitter data to enable spatial data linkage to official statistics and other data sources. *Frontiers in Sociology, 7*, 910111. https://doi.org/10.3389/fsoc.2022.910111
Obermeyer, Z., Powers, B., Vogeli, C. & Mullainathan, S. (2019). Dissecting racial bias in an algorithm used to manage the health of populations. *Science, 366*(6464), 447–453. https://doi.org/10.1126/science.aax2342
OECD. (2019a). *PISA 2018 Results (Volume I): What Students Know and Can Do*.
OECD. (2019b). *PISA 2018 Results (Volume II): Where All Students Can Succeed*.
OECD. (2019c). *PISA 2018 Results (Volume III): What School Life Means for Students' Lives*.
OECD. (2020). *PISA 2018 Results (Volume IV): Are Students Smart About Money?*
O'Hara, R. & Kotze, J. (2010). Do not log-transform count data. *Nature Precedings, 1*, 1–1.
Osborne, J. (2010). Improving your data transformations: Applying the Box-Cox transformation. *Practical Assessment, Research, and Evaluation, 15*(1), 12. https://doi.org/10.7275/qbpc-gk17
Ouadoud, M., Nejjari, A., Chkouri, M. Y. & El-Kadiri, K. E. (2017). Learning management system and the underlying learning theories. In M. Ben Ahmed, A. A. Boudhir (Hrsg.), *Innovations in smart cities and applications Proceedings of the 2nd Mediterranean Symposium on Smart City Applications* (S. 732–744). Springer. https://doi.org/10.1007/978-3-319-74500-8_67

Open Science Collaboration (2015). Estimating the reproducibility of psychological science. *Science, 349*, aac4716. https://doi.org/10.1126/science.aac4716

Pargent, F. & Albert-von der Gönna, J. (2018). Predictive modeling with psychological panel data. *Zeitschrift für Psychologie, 226*(4), 246. https://doi.org/10.1027/2151-2604/a000343

Park, G., Schwartz, H. A., Eichstaedt, J. C., Kern, M. L., Kosinski, M., Stillwell, D. J., Ungar, L. H. & Seligman, M. E. (2015). Automatic personality assessment through social media language. *Journal of Personality and Social Psychology, 108*(6), 934–952. https://doi.org/10.1037/pspp0000020

Patton, D. U., Frey, W. R., McGregor, K. A., Lee, F.-T., McKeown, K. & Moss, E. (2020). Contextual analysis of social media: The promise and challenge of eliciting context in social media posts with natural language processing. In A. Markham, J. Powles, T. Walsh & A. L. Washington (Hrsg.), *Proceedings of the AAAI/ACM Conference on AI, Ethics, and Society* (S. 337–342). Association for Computing Machinery. https://doi.org/10.1145/3375627.3375841

Philipp, K. & Leuders, T. (2014). Diagnostic competences of mathematics teachers-processes and ressources. In P. Liljedahl, S. Oesterle, C. Nicol & D. Allan (Hrsg.), *Proceedings of the Joint Meeting PME 38 and PME-NA 36* (Bd. 4; S. 425–432).

Porter, J. (2020). UK ditches exam results generated by biased algorithm after student protests, 8. Februar 2021. https://www.theverge.com/2020/8/17/21372045/uk-a-levelresults-algorithm-biased-coronavirus-covid-19-pandemic-university-applications

R Core Team. (2024). *R: A Language and Environment for Statistical Computing*. R Foundation for Statistical Computing. https://www.R-project.org/

Reilly, D., Neumann, D. L. & Andrews, G. (2019). Gender differences in reading and writing achievement: Evidence from the National Assessment of Educational Progress (NAEP). *American Psychologist, 74*(4), 445–458. https://doi.org/10.1037/amp0000356

Reis, H. T. & Gable, S. L. (2000). Event-sampling and other methods for studying everyday experience. In H. T. Reis & C. M. Judds (Hrsg.), *Handbook of research methods in social and personality psychology* (S. 190–222). Cambridge University Press.

Romero, C. & Ventura, S. (2010). Educational data mining: A review of the state of the art. *IEEE Transactions on Systems, Man, and Cybernetics, Part C (Applications and Reviews), 40*(6), 601–618. https://doi.org/10.1109/TSMCC.2010.2053532

Rosenblatt, F. (1958). The perceptron: A probabilistic model for information storage and organization in the brain. *Psychological review, 65*(6), 386–408. https://doi.org/10.1037/h0042519

Rumelhart, D. E., Hinton, G. E. & Williams, R. J. (1986). Learning representations by back-propagating errors. *Nature, 323*(6088), 533–536. https://doi.org/10.1038/323533a0

Saeb, S., Lattie, E. G., Schueller, S. M., Kording, K. P. & Mohr, D. C. (2016). The relationship between mobile phone location sensor data and depressive symptom severity. *PeerJ, 4*, e2537. https://doi.org/10.7717/peerj.2537

Schoedel, R., Au, Q., Völkel, S. T., Lehmann, F., Becker, D., Bühner, M., Bischl, B., Hussmann, H. & Stachl, C. (2018). Digital footprints of sensation seeking. *Zeitschrift für Psychologie, 226*(4), 232–245. https://doi.org/10.1027/2151-2604/a000342

Schoedel, R., Kunz, F., Bergmann, M., Bemmann, F., Bühner, M. & Sust, L. (2023). Snapshots of daily life: Situations investigated through the lens of smartphone sensing. *Journal of Personality and Social Psychology, 125*, 1442–1471. https://doi.org/10.1037/pspp0000469

Schoedel, R., Pargent, F., Au, Q., Völkel, S. T., Schuwerk, T., Bühner, M. & Stachl, C. (2020). To challenge the morning lark and the night owl: Using smartphone sensing data to investigate day–night behaviour patterns. *European Journal of Personality 34*(5), 733–752. https://doi.org/10.1002/per.2258

Schünemann, W. J., Brand, A., König, T. & Ziegler, J. (2022). Leveraging dynamic heterogeneous networks to study transnational issue publics. The case of the European COVID-19 discourse on Twitter. *Frontiers in Sociology, 7,* 884640. https://doi.org/10.3389/fsoc.2022.884640

Schwitter, N., Pretari, A., Marwa, W., Lombardini, S. & Liebe, U. (2022). Big data and development sociology: An overview and application on governance and accountability through digitalization in Tanzania. *Frontiers in Sociology, 7,* 909458. https://doi.org/10.3389/fsoc.2022.909458

Sculley, D., Holt, G., Golovin, D., Davydov, E., Phillips, T., Ebner, D., Chaudhary, V. & Young, M. (2014). Machine learning: The high interest credit card of technical debt. In J. Quiñonero-Candela, R. D. Turner & X. Amatriain (Hrsg.), *SE4ML: Software Engineering for Machine Learning (NIPS 2014 Workshop).* NeurIPS.

Seewann, L., Verwiebe, R., Buder, C. & Fritsch, N.-S. (2022). "Broadcast your gender." A comparison of four text-based classification methods of German YouTube channels. *Frontiers in Big Data, 5,* 908636. https://doi.org/10.3389/fdata.2022.908636

Selbst, A. D., Boyd, D., Friedler, S. A., Venkatasubramanian, S. & Vertesi, J. (2019). Fairness and abstraction in sociotechnical systems. In *Proceedings of the Conference on Fairness, Accountability, and Transparency* (S. 59–68). Association for Computing Machinery. https://doi.org/10.1145/3287560.3287598

Serneels, S., De Nolf, E. & Van Espen, P. J. (2006). Spatial sign preprocessing: a simple way to impart moderate robustness to multivariate estimators. *Journal of Chemical Information and Modeling, 46*(3), 1402–1409. https://doi.org/10.1021/ci050498u

Servia-Rodríguez, S., Rachuri, K. K., Mascolo, C., Rentfrow, P. J., Lathia, N. & Sandstrom, G. M. (2017). Mobile sensing at the service of mental well-being: A large-scale longitudinal study. In R. Barrett, R. Cummings, E. Agichtein & E. Gabrilovich (Hrsg.), *26th International World Wide Web Conference, WWW 2017* (S. 103–112). International World Wide Web Conferences Steering Committee. https://doi.org/10.1145/3038912.3052618

Shalev-Shwartz, S. & Ben-David, S. (2014). *Understanding machine learning: From theory to algorithms.* Cambridge University Press.

Shermis, M. D. & Burstein, J. C. (2003). Introduction. In M. D. Shermis & J. C. Burstein (Hrsg.), *Automated essay scoring* (S. 13–16). Lawrence Erlbaum Associates.

Simon, R. (2007). Resampling strategies for model assessment and selection. In W. Dubitzky, M. Granzow & D. Berrar (Hrsg.), *Fundamentals of data mining in genomics and proteomics* (S. 173–186). Springer. https://doi.org/10.1007/978-0-387-47509-7_8

Smola, A. & Vishwanathan, S. V. N. (2008). *Introduction to machine learning.* Cambridge University Press.

Solaiman, I., Brundage, M., Clark, J., Askell, A., Herbert-Voss, A., Wu, J., Radford, A. & Wang, J. (2019). Release Strategies and the Social Impacts of Language Models. http://arxiv.org/abs/1908.09203

Stachl, C., Hilbert, S., Au, J.-Q., Buschek, D., De Luca, A., Bischl, B., Hussmann, H. & Bühner, M. (2017). Personality traits predict smartphone usage. *European Journal of Personality, 31*(6), 701–722.

Stachl, C., Pargent, F., Hilbert, S., Harari, G. M., Schoedel, R., Vaid, S., Gosling, S. D. & Bühner, M. (2020). Personality research and assessment in the era of machine learning. *European Journal of Personality, 34*(5), 613–631. https://doi.org/10.1002/per.2257

Stevens, S. S. (1946). On the theory of scales of measurement. *Science, 103*(2684), 677–680. https://doi.org/10.1126/science.103.2684.677

Stoye, J. (2009). Partial identification and robust treatment choice: An application to young offenders. *Journal of Statistical Theory and Practice, 3*, 239–254. https://doi.org/10.1080/15598608.2009.10411923

Strauss, V. (2015). Master teacher suing New York state over 'ineffective' rating is going to court. https://www.washingtonpost.com/news/answer-sheet/wp/2015/08/09/master-teacher-suing-new-york-state-over-ineffective-rating-is-going-to-court/

Strobl, C., Boulesteix, A.-L., Kneib, T., Augustin, T. & Zeileis, A. (2008). Conditional variable importance for random forests. *BMC Bioinformatics, 9*(1), 307.

Strobl, C., Kopf, J. & Zeileis, A. (2015). Rasch trees: A new method for detecting differential item functioning in the Rasch model. *Psychometrika, 80*, 289–316. https://doi.org/10.1007/s11336-013-9388-3

Suresh, H. & Guttag, J. V. (2019). A framework for understanding unintended consequences of machine learning. *arXiv preprint arXiv:1901.10002, 2*(8), 73.

Treml, A. K. (2002). Lernen. In H.-H. Krüger & W. Helsper (Hrsg.), *Einführung in Grundbegriffe und Grundfragen der Erziehungswissenschaft* (S. 93–102). Springer. https://doi.org/10.1007/978-3-663-05653-9_8

Tucker, J. W. (2010). Selection bias and econometric remedies in accounting and finance research. *Journal of Accounting Literature, 29*, 31–57.

Turabik, T. & Baskan, G. A. (2015). The importance of motivation theories in terms of education systems. *Procedia–Social and Behavioral Sciences, 186*, 1055–1063. https://doi.org/10.1016/j.sbspro.2015.04.006

Valtonen, T., Tedre, M., Mäkitalo, K. & Vartiainen, H. (2019). Media literacy education in the age of machine learning. *Journal of Media Literacy Education, 11*(2), 20–36.

VanLehn, K. (2006). The behavior of tutoring systems. *International Journal of Artificial Intelligence in Education, 16*(3), 227–265. https://doi.org/10.3233/IRG-2006-16(3)02

VanLehn, K. (2011). The relative effectiveness of human tutoring, intelligent tutoring systems, and other tutoring systems. *Educational Psychologist, 46*(4), 197–221. https://doi.org/10.1080/00461520.2011.611369

Veal, R. & Hudson, S. A. (1983). Direct and indirect measures for large-scale evaluation of writing. In *Research in the Teaching of English, 17*(3), 290–296. https://doi.org/10.58680/rte198315709

Verleysen, M. & François, D. (2005). The curse of dimensionality in data mining and time series prediction. In J. Cabestany, A. Prieto & F. Sandoval (Hrsg.), *Computational intelligence and bioinspired systems. IWANN 2005* (S. 758–770). https://doi.org/10.1007/11494669_93

Von Hippel, P. T. (2009). How to impute interactions, squares, and other transformed variables. *Sociological Methodology, 39*(1), 265–291. https://doi.org/10.1111/j.1467-9531.2009.01215.x

Vygotsky, L. (1978). *Mind and society: The development of higher mental processes.* Harvard University Press.

Wachter, S., Mittelstadt, B. & Russell, C. (2017). Counterfactual explanations without opening the black box: Automated decisions and the GDPR. *Harvard Journal of Law & Technology, 31*(2), 841–887.

Wisniewski, B., Zierer, K., Dresel, M., & Daumiller, M. (2020). Obtaining secondary students' perceptions of instructional quality: Two-level structure and measurement invariance. *Learning and Instruction, 66,* 101303. https://doi.org/10.1016/j.learninstruc.2020.101303

Wolberg, W. H., Street, W. N. & Mangasarian, O. L. (1992). Breast cancer Wisconsin (diagnostic) data set. In *UCI Machine Learning Repository.* http://archive.ics.uci.edu/ml/

Wolpert, D. H. (1996). The lack of a priori distinctions between learning algorithms. *Neural Computation, 8*(7), 1341–1390. https://doi.org/10.1162/neco.1996.8.7.1341

Youyou, W., Kosinski, M. & Stillwell, D. (2015). Computer-based personality judgments are more accurate than those made by humans. *Proceedings of the National Academy of Sciences, 112*(4), 1036–1040. https://doi.org/10.1073/pnas.1418680112

Yu, C.-H., Wu, J. & Liu, A.-C. (2019). Predicting learning outcomes with MOOC clickstreams. *Education Sciences, 9*(2), 104–118. https://doi.org/10.3390/educsci9020104

Zajda, J. & Freeman, K. (2009). *Race, ethnicity and gender in education. Cross-cultural understandings.* Springer. https://doi.org/10.1007/978-1-4020-9739-3

Zemel, R., Wu, Y., Swersky, K., Pitassi, T. & Dwork, C. (2013). Learning fair representations. In S. Dasgupta & D. McAllester (Hrsg.), *Proceedings of the 30th International Conference on Machine Learning, PLMR 28*(3) (S. 325–333).

Zhang, Z., Mayer, G., Dauvilliers, Y., Plazzi, G., Pizza, F., Fronczek, R., Santamaria, J., Partinen, M., Overeem, S., Peraita-Adrados, R., Martins da Silva, A., Sonka, K., del Rio-Vellegas, R., Heinzer, R., Wierzbicka, A., Young, P., Högl, B., Bassetti, C. L., Manconi, M., ... Khatami, R. (2018). Exploring the clinical features of narcolepsy type 1 versus narcolepsy type 2 from European Narcolepsy Network database with machine learning. *Scientific Reports, 8*(1), 10628. https://doi.org/10.1038/s41598-018-28840-w

Zhao, X., Wu, Y., Lee, D. L. & Cui, W. (2019). iforest: Interpreting random forests via visual analytics. *IEEE Transactions on Visualization and Computer Graphics, 25*(1), 407–416. https://doi.org/10.1109/TVCG.2018.2864475

Zou, H. & Hastie, T. (2005). Regularization and variable selection via the elastic net. *Journal of the Royal Statistical Society Series B: Statistical Methodology, 67*(2), 301–320. https://doi.org/10.1111/j.1467-9868.2005.00503.x

MIX
Papier aus verantwortungsvollen Quellen
Paper from responsible sources
FSC® C105338

If you have any concerns about our products,
you can contact us on
ProductSafety@springernature.com

In case Publisher is established outside the EU,
the EU authorized representative is:
**Springer Nature Customer Service Center GmbH
Europaplatz 3, 69115 Heidelberg, Germany**

Printed by Libri Plureos GmbH
in Hamburg, Germany